Σ BEST
シグマベスト

高校 これでわかる
基礎反復問題集

生物基礎

文英堂編集部 編

文英堂

この本の特色

1 徹底して基礎力を身につけられる

定期テストはもちろん，入試にも対応できる力は，しっかりとした**基礎力**の上にこそ積み重ねていくことができます。そして，しっかりとした基礎力は，**重要な内容・基本的な問題をくり返し学習し，解く**ことで身につきます。

2 便利な書き込み式

利用するときの効率を考え，**書き込み式**にしました。この問題集に直接答えを書けばいいので，ノートを用意しなくても大丈夫です。

3 参考書とリンク

内容の配列は，参考書「これでわかる生物基礎」と同じにしてあります。くわしい内容を確認したいときは，参考書を利用すると，より効果的です。

4 くわしい別冊解答

別冊解答は，**くわしくわかりやすい解説**をしており，基本的な問題でも，できるだけ解き方を省略せずに説明しています。また，「**テスト対策**」として，試験に役立つ知識や情報を示しています。

この本の構成

1 まとめ

重要ポイントを，図や表を使いながら，見やすくわかりやすくまとめました。キー番号は 基礎の基礎を固める！ ページのキー番号に対応しています。

2 基礎の基礎を固める！

基礎知識が身についているかを確認するための**穴うめ問題**です。わからない所があるときは，同じキー番号の「まとめ」にもどって確認しましょう。

3 テストによく出る問題を解こう！

しっかりとした基礎力を身につけるための問題ばかりを集めました。
- **必修** …特に重要な基本的な問題。
- **テスト** …定期テストに出ることが予想される問題。
- **難** …難しい問題。ここまでできれば，かなりの力がついている。

4 入試問題にチャレンジ！

各編末に，実際の入試問題をとりあげています。入試に対応できる力がついているか確認しましょう。

もくじ

1編 細胞と遺伝子
- 1章 生命とは …………………………………… 4
- 2章 細胞のつくりの共通性 ………………… 8
- 3章 代謝とエネルギー・酵素 ……………… 12
- 4章 光合成と呼吸 …………………………… 16
- 5章 DNAの構造 ……………………………… 20
- 6章 DNAの複製と遺伝子の分配 ………… 24
- 7章 遺伝情報の発現 ………………………… 28
- 8章 ゲノムと遺伝情報 ……………………… 32
- ○ 入試問題にチャレンジ！ ………………… 36

2編 生物の体内環境の維持
- 1章 体内環境と体液 ………………………… 38
- 2章 肝臓と腎臓 ……………………………… 42
- 3章 ホルモンと自律神経系 ………………… 46
- 4章 免 疫 …………………………………… 52
- ○ 入試問題にチャレンジ！ ………………… 56

3編 生物の多様性と生態系
- 1章 植生と光 ………………………………… 58
- 2章 植生の遷移 ……………………………… 62
- 3章 気候とバイオーム ……………………… 66
- 4章 生態系と物質循環 ……………………… 70
- 5章 生態系のバランスと人間活動 ………… 74
- ○ 入試問題にチャレンジ！ ………………… 78

▶ 別冊　正解答集

1編 細胞と遺伝子

1章 生命とは

1 □ 生物の多様性と共通性
① **生物の多様性**…地球上には多様な生物がいろいろな環境下で生息。
② **生物の共通性**…3に示すようにからだの構造や機能に共通の特徴をもつ。
③ **連続性**…連続性をもったちがい・変化が見られることもある。
　[例] 両生類→ハ虫類→鳥類・哺乳類

2 □ 生物の分類と系統
① **系統**…生物の類縁関係。系統を樹形で示した図を**系統樹**という。
② **種**…生物を分類する基本単位。
③ 系統的に近い種どうしをまとめた単位を**属**といい，さらに属→科→目→綱→門→界とまとめられる。
④ 生物は生息環境に適応しながら共通の祖先生物から分岐し，多様な種に進化。

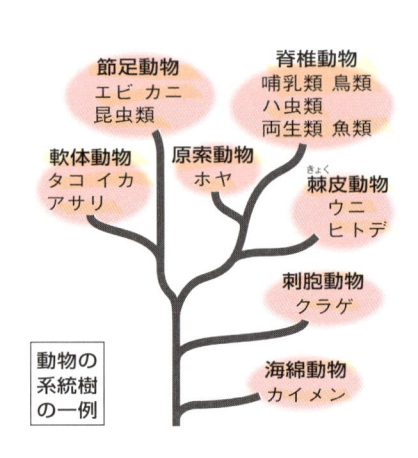

動物の系統樹の一例：
- 節足動物　エビ　カニ　昆虫類
- 脊椎動物　哺乳類　鳥類　ハ虫類　両生類　魚類
- 軟体動物　タコ　イカ　アサリ
- 原索動物　ホヤ
- 棘皮動物　ウニ　ヒトデ
- 刺胞動物　クラゲ
- 海綿動物　カイメン

3 □ 生物の特徴

> DNAやATPは，すべての生物に共通。

① **膜構造**…生物のからだは構成単位として**細胞**でできている。細胞は**細胞膜**で包まれ，まわりの外界と仕切られている。
② **DNA**…**DNA(デオキシリボ核酸)** は遺伝情報の本体となる物質。生物の形質はDNAの情報をもとにして合成された**タンパク質**の種類で決まる。
③ **代謝**…体内でさまざまな化学反応によって生命活動に必要なエネルギーを調達。エネルギーは**ATP(アデノシン三リン酸)** を仲立ちとする。
　光合成…光エネルギーを用いてATPを合成 ➡ ATPの化学エネルギーで有機物を合成。
　呼吸…有機物を分解し，そのとき生じる化学エネルギーでATPを合成。
④ **子孫をつくる**…**生殖**を行い増殖。遺伝情報(DNA)は**細胞分裂**によって細胞から細胞へ，精子や卵など生殖細胞によって次の世代へと受けつがれる。
⑤ **体内環境の維持・刺激に対する反応**…温度などの外部環境が変化しても，体内の状態(**体内環境**)を一定に保とうとするしくみ(**恒常性**)をもつ。

基礎の基礎を固める！

（　）に適語を入れよ。　答➡別冊 p.2

1 生物の多様性と共通性 ○—1

地球上には190万種以上の生物が生息し，これらの間にはからだの構造や機能に**多様性**と**共通性**がある。そのため，次にあげた脊椎動物のように**連続した変化**が見られる。

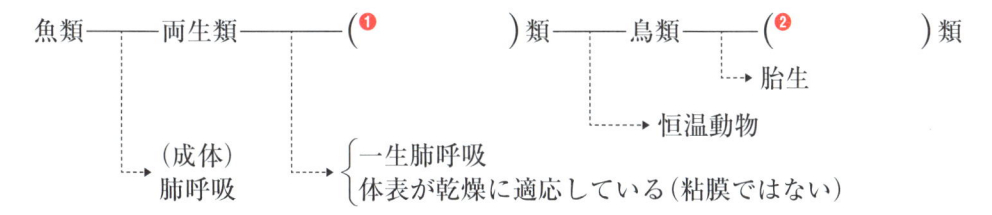

魚類―両生類―(❶　　　)類―鳥類―(❷　　　)類
　　　　　　　　　　　　　　　　　↳胎生
　　　　　　　　　　　　　　↳恒温動物
　　　↓(成体)　　　⎰一生肺呼吸
　　　肺呼吸　　　　⎱体表が乾燥に適応している(粘膜ではない)

2 生物の系統と分類 ○—2

① 生物は，長い年月をかけて生息環境に適応しながら，多様な種に(❸　　　)してきた。

② 共通の祖先から分かれてきた生物の基本的特徴には(❹　　　)性が見られる。

③ 多様な生物の類縁関係を(❺　　　)といい，この関係を共通祖先からの枝分かれの形で示した図を(❻　　　)という。

④ 生物を分類する基本単位を(❼　　　)といい，同じ❼の個体どうしは生殖能力をもつ子孫をつくることができる。これを系統的に近いものどうしで段階的にまとめていくと，上位の分類単位は次のようになる。

　　　(❽　　　) → 属 → (❾　　　) → 目 → 綱 → 門 → 界

3 生物の特徴 ○—3

① 生物のからだを構成する基本単位は(❿　　　)である。この構造体は，外界と(⓫　　　)で仕切られている。

② 生物の遺伝情報の本体は(⓬　　　)(デオキシリボ核酸)とよばれる物質である。これが保持する遺伝情報にしたがって特定の(⓭　　　)が合成され，生物の形質が発現する。

③ 生物は(⓮　　　)や**光合成**などの**代謝**によって生命活動に必要なエネルギーを調達する。そのエネルギーは(⓯　　　)(アデノシン三リン酸)を仲立ちとする。

④ 生物は**生殖**を行い子孫をつくる。その際に(⓰　　　)のコピーを新しい細胞に分配することでその構造や機能を親から子へ伝える。

⑤ 生物は外部環境が変化しても(⓱　　　)環境を一定に保とうとするしくみをもつ。

1章　生命とは　5

テストによく出る問題を解こう！

答→別冊 p.3

1 ［生物の多様性・共通性の由来と分類］

地球上の生物は非常に多様であるとともにすべてにあてはまる共通点がある。生物の共通性は共通の祖先をもつためと考えられているが，このことに関する次の各問いに答えよ。

(1) 生物が祖先の生物から長い年月をかけて変化していくことを何というか。
（　　　　　　）

(2) さまざまな生物どうしの類縁関係を樹形図で示したものを何というか。
（　　　　　　）

(3) 生物の分類における基本単位を答えよ。（　　　　　　）

ヒント (3) 生物のいちばん基本的な"種類"を表す語句。

2 ［生物の特徴(1)］ 必修

生物に共通して見られる特徴として，誤っているものを1つ選び記号で答えよ。（　　）

A　外界とからだの内部が膜構造で区切られている。
B　遺伝子の本体としてDNAという物質をもつ。
C　生命活動の直接のエネルギー源はATPである。
D　生物は，外界の環境の変化に応じて体内の環境も同じように変化させる。
E　自分のからだから自分と同種の別個体またはそのもとになる細胞をつくる。

ヒント A　生物のからだは表皮などで外界と区切られている。また，生体を構成する細胞や細胞の中ではたらく細胞小器官も，膜構造をもつことでその内部や膜表面でさまざまな生命活動を効率よく行っている。
E　分裂などによって個体をふやしたり，卵や精子といった生殖細胞の受精などはいずれも生殖とよばれる。

3 ［生物の特徴(2)］

次の①～④は，それぞれ生物の共通性における何の例を示したものか。下のA～Dから最も適したものをそれぞれ選べ。

① 同じ両親から生まれたきょうだいは，他人どうしより似たところが多い。（　　）

② タマネギの鱗葉も，ヒトの口腔上皮も，同じように核をもち膜で包まれた構造体からできている。
（　　）

③ 日光を当てたアサガオの葉を切り取ってヨウ素液にひたすと青紫色に染まる。
（　　）

④ 塩辛いものを食べた後には，むしょうに水が飲みたくなる。（　　）

A　生物体を構成する基本単位　　B　代謝（化学反応によるエネルギーの調達）
C　生殖と遺伝　　D　刺激に対する反応と体内環境の維持（恒常性）

ヒント ④ 塩分のとりすぎは，体液中の塩分濃度を上昇させる。これは体内環境の変化である。

4 [生物の特徴(3)] テスト

生物に共通する特徴に関する次の各問いに答えよ。

① すべての生物のからだを構成する基本単位は何か。（　　　　）

② すべての生物の生命活動のための直接のエネルギー源となっている物質は何か。アルファベット3文字で答えよ。（　　　　）

③ 生命活動をしているすべての生物のからだの中で，最も多く含まれている物質は何か。（　　　　）

④ すべての生物において遺伝情報保持を担っている物質は何か。アルファベット3文字で答えよ。（　　　　）

⑤ 生物は，体内の状態を一定に保とうとするしくみをもっている。それを何というか。（　　　　）

ヒント ② 植物が利用する光エネルギーや動物が食物として取り込んだ有機物の化学エネルギーなど外から取りこんだエネルギーはすべていったんこの物質の化学エネルギーに変換されることから「エネルギーの通貨」とよばれている。
④ デオキシリボ核酸の略。

5 [生物の系統と共通性] 難

脊椎動物の系統について示した右の図について述べた次の文を読み，下の各問いに答えよ。

哺乳類・鳥類・ハ虫類・両生類・魚類には，（　①　）という共通の特徴がある。これは，これらすべての動物がその特徴をもっていた共通の祖先から進化してきたためである。

哺乳類と鳥類は，両生類との共通の祖先から分かれた後，（　②　）という特徴をもった共通の祖先から進化したと考えられている。

(1) 文中の①，②にあてはまるものを次のA～Dから選び，それぞれ記号で答えよ。
①（　　）　②（　　）

A　胎生である
B　脊椎をもつ
C　四肢をもつ
D　一生肺呼吸である

(2) 図より，両生類から系統的に近いのは魚類と哺乳類のどちらか。（　　　　）

ヒント (2) 系統樹において共通の祖先までの距離が短い生物どうしが系統的に近いといえる。

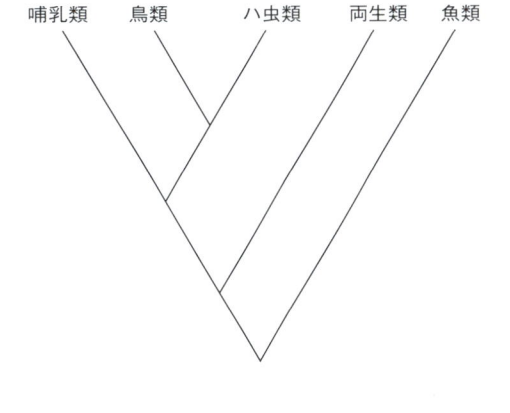

2章 細胞のつくりの共通性

○━ 4 □ 細 胞

① 生物のからだをつくる細胞の大きさ・形・働きはさまざまである。
② 細胞膜…細胞は細胞膜で包まれ，外界と仕切られている。
③ DNA…細胞膜で包まれた内部には，遺伝子の本体であるDNAが含まれている。
④ 内部構造…動物や植物の細胞は核やミトコンドリアなど特定のはたらきをもつ細胞小器官をもつ。

○━ 5 □ 原核細胞と真核細胞

原核細胞…核膜で包まれた核をもたない細胞。ミトコンドリア・葉緑体・ゴルジ体などもない。➡原核細胞からなる生物を原核生物という；細菌類・シアノバクテリア(ラン藻類)のみ

真核細胞…核膜で包まれた核をもつ細胞。➡真核細胞からなる生物を真核生物という；原核生物以外の生物

○━ 6 □ 細胞の構造とはたらき

		構造物	働きと特徴
原形質	核	核膜	核と細胞質を仕切る。
		染色体	遺伝子の本体DNAを含む。
		核小体	RNAとタンパク質からなる。
	細胞質	細胞膜	細胞内外の物質の出入りを調節。
		ミトコンドリア	呼吸の場。生命活動に必要なエネルギー(ATP)を生産。
		ゴルジ体⑱	分泌活動に関係する。
		中心体⑱	細胞分裂に関係する。
		葉緑体㊢	光合成の場。クロロフィルなどの色素を含む。
		細胞質基質	多くの酵素を含み，さまざまな代謝(→p.12)の場。
生命活動をしていない部分		細胞壁㊢	セルロースが主成分。植物細胞の形を保つ。
		細胞液	液胞中の液体。糖やアントシアンを含む。植物細胞で発達。

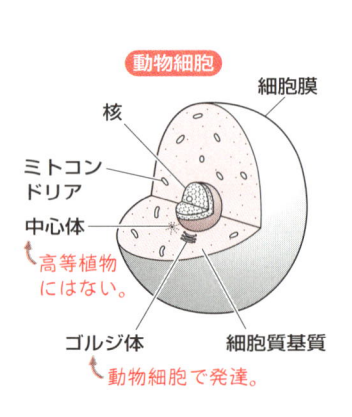

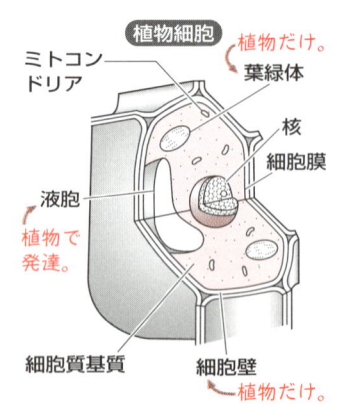

㊢は植物細胞特有，⑱は動物細胞で発達

この表はまるごと覚えよう！

動物細胞
核／細胞膜／ミトコンドリア／中心体／ゴルジ体／細胞質基質
↳高等植物にはない。
↳動物細胞で発達。

植物細胞
ミトコンドリア／葉緑体(植物だけ。)／核／細胞膜／液胞(植物で発達。)／細胞質基質／細胞壁(植物だけ。)

基礎の基礎を固める！

（　）に適語を入れよ。　答➡別冊 p.3

4　細胞のつくり　○┓4

① 細胞は，(❶　　　　　)で外界と仕切られている。
② 細胞の内部には，遺伝物質である(❷　　　　　)(デオキシリボ核酸)や生命活動に必要な物質が存在する。
③ 動物や植物の細胞は，内部に核やミトコンドリア，ゴルジ体など特定の働きをもつ構造体をもち，それらを(❸　　　　　)という。

5　原核細胞と真核細胞　○┓5

(❹　　　　　)細胞…核膜で包まれた核をもたない細胞。この細胞でからだができている生物を(❺　　　　　)生物という。(❻　　　　　)類(例 大腸菌，乳酸菌)とシアノバクテリア(例 ネンジュモ，ユレモ，スイゼンジノリ)。

(❼　　　　　)細胞…核膜で包まれた核をもつ細胞。ミトコンドリア・葉緑体・ゴルジ体などももつ。この種類の細胞でからだができている生物を(❽　　　　　)生物という。

6　細胞の構造とはたらき　○┓6

核 ｛ 核と細胞質を仕切る膜…(❾　　　　　)
　　遺伝子の本体である DNA とタンパク質からなる構造…(❿　　　　　)

細胞質 ｛
　細胞を仕切り，細胞内外の物質の出入りを調節する膜…(⓫　　　　　)
　酵素を使って有機物を分解し，生命活動に必要な「**エネルギーの通貨**」ともよばれる物質(⓬　　　　　)を生産する。**呼吸の場**…(⓭　　　　　)
　分泌活動に関係する器官で，動物細胞で発達…(⓮　　　　　)
　細胞分裂や鞭毛の形成などに関係する…(⓯　　　　　)
　光合成の場で，クロロフィルなどの同化色素を含む…(⓰　　　　　)
　多くの酵素を含み，さまざまな代謝の場となる…(⓱　　　　　)
　セルロースを主成分とする構造で，植物細胞の形を保つ…(⓲　　　　　)
　糖やアントシアンを含む**細胞液**で満たされた構造。**植物細胞で発達**…(⓳　　　　　)

テストによく出る問題を解こう！

答➡別冊 p.3

6 ［細胞のつくり］ 必修

次の文章の空欄に適当な語句を記入して，文章を完成せよ。

生物のからだをつくる基本単位は①（　　　　）である。この構造体は②（　　　　）で外界と仕切られている。細胞の内部には，遺伝情報を伝える遺伝子の本体である物質の③（　　　　）や，生命活動に必要なタンパク質などの物質が含まれている。

動物や植物の細胞を調べてみると，内部に核やミトコンドリア，ゴルジ体などのさまざまな働きをもった④（　　　　）が見られる。

7 ［原核細胞と真核細胞］

次の①〜⑥の文は，細胞の特徴を説明したものである。あとの各問いに答えよ。
① 明瞭な核膜で包まれた核をもつ。
② 明瞭な核膜で包まれた核をもたない。
③ ミトコンドリア，葉緑体，ゴルジ体をもつ。
④ DNAはほとんど細胞質内に存在する。
⑤ 細菌類やシアノバクテリアが属する。
⑥ 脊椎動物が属する。
(1) ①〜⑥のうち，真核細胞の特徴を説明した文をすべて選べ。　（　　　　）
(2) 原核細胞でからだができている生物を何というか。　（　　　　）
(3) 次のうち，からだが真核細胞でできているものをすべて選べ。　（　　　　）
　a　ゾウリムシ　　b　大腸菌　　c　ヒト　　d　ネンジュモ

　ヒント　原核細胞は，核膜をもたないほか，ミトコンドリアなどの細胞小器官ももたない。

8 ［動物細胞と植物細胞の構造］

次の表は，動物細胞と植物細胞の細胞小器官や細胞内構造についてまとめたものである。次の①〜⑤の特徴をもつ細胞小器官や細胞内構造の名称をそれぞれ答えよ。

名　称	動物細胞	植物細胞	特徴・働き
①（　　　）	発達していない	発達している	アントシアンなどを含む
②（　　　）	なし	あり	セルロースが主成分
③（　　　）	発達している	発達していない	粘液を分泌する細胞で発達
④（　　　）	あり	高等植物にはない	紡錘体の形成に関係する
⑤（　　　）	なし	あり	クロロフィルを含む

9 ［細胞小器官とその働き］ テスト

右図は，ある生物の細胞の光学顕微鏡像で，①～⑨の文は細胞内構造の働きを説明したものである。

① 遺伝子の本体となるDNAを含む。
② 核と細胞質を仕切る二重膜である。
③ 呼吸に関する多くの酵素を含み，酸素を使って有機物を分解して生命活動に必要なエネルギーを生じる。
④ 細胞液を含む膜構造で，糖やアントシアンを含む。植物細胞で発達している。
⑤ 植物細胞の形を保つ構造で，主成分はセルロースからなる。
⑥ クロロフィルなどの色素を含み，二酸化炭素と水から有機物を合成する構造体。
⑦ コロイド状で原形質流動が見られ，代謝の場である。
⑧ 細胞を仕切り，細胞内外の物質の出入りを調節する。
⑨ 核内に数個存在し，DNAと異なる核酸（RNA）を含む。

(1) 上の模式図は，植物細胞と動物細胞のどちらを示したものか。また，そのように判断する理由を説明せよ。　　　　　　　　　　　　　　細胞（　　　　　　）
　理由（　　　　　　　　　　　　　　　　　　　　　　　　　　　　）

(2) 図中の a～h の構造体の名称をそれぞれ答えよ。
　　a（　　　　） b（　　　　） c（　　　　） d（　　　　）
　　e（　　　　） f（　　　　） g（　　　　） h（　　　　）

(3) 図中の a～h の構造体の働きとして適当なものを①～⑨からそれぞれ1つ選べ。
　　a（　　） b（　　） c（　　） d（　　）
　　e（　　） f（　　） g（　　） h（　　）

10 ［細胞の微細構造］ 難

右の図は，細胞小器官を電子顕微鏡で観察したときの模式図である。各問いに答えよ。

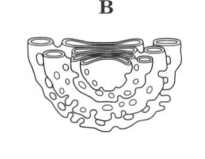

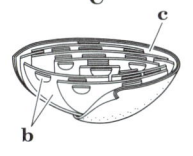

(1) 図 A～C の細胞小器官の名称をそれぞれ答えよ。　A（　　　　）B（　　　　）C（　　　　）

(2) 次の①～③の文に該当する細胞小器官を，図 A～C から選べ。
　　　　　　　　　　　　　　　　①（　　）②（　　）③（　　）

① タンパク質に糖などを付加して分泌する。
② クロロフィルなどの緑色の色素が含まれている扁平な袋状構造を内部にもつ。
③ 多数の酵素を含み，酸素を使って有機物を分解してエネルギーを生産する場である。

(3) 図中の構造 a と膜構造 b，b のまわりを満たす c の名称を答えよ。
　　　　　　　　a（　　　　　　）b（　　　　　　）c（　　　　　　）

3章 代謝とエネルギー・酵素

7 □ 代謝とエネルギー

① **代謝**…生命活動を維持するため生体内で行われるいろいろな化学反応を**代謝**という。

② **同化と異化**…代謝のうち，単純な物質から複雑な物質をつくる過程を**同化**，逆に複雑な物質をより簡単な物質に分解する過程を**異化**という。

③ **光合成と呼吸**…同化の代表的な例は，緑色植物が行う**光合成**である。また，異化の代表的な例は植物や動物などが行う**呼吸**である。

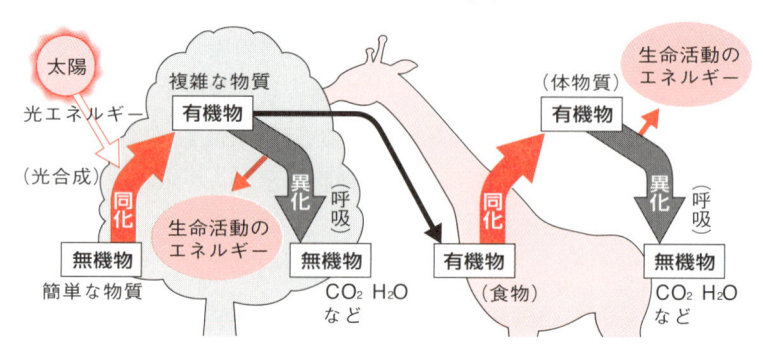

8 □ ATP（アデノシン三リン酸）

① **代謝と ATP**…同化や異化の過程で，エネルギーの仲立ちをするのは **ATP** である。

② **ATP の構造**… ATP は**アデノシン三リン酸**といい，アデニンに糖と 3 個の**リン酸**が結合した化合物。リン酸どうしの結合の中にエネルギーを蓄えている。➡**高エネルギーリン酸結合**という。

③ **エネルギーの通貨**…呼吸や光合成で生じたエネルギーは，ATP に蓄えられ，必要に応じて ADP（アデノシン二リン酸）とリン酸に分解されるときに放出される。➡ ATP は**エネルギーの通貨**ともいわれる。

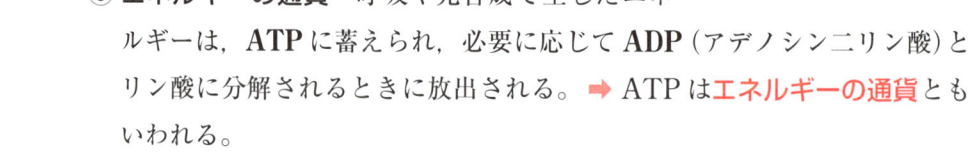

9 □ 酵素とその性質

① **酵素**…酵素は化学反応を促進するが，それ自身は反応の前後で変化しない物質（触媒）である。タンパク質を主成分とする。

② **細胞内で合成**…酵素は遺伝情報にしたがって，細胞内で合成されて細胞内や細胞外に分泌されてはたらく。

基礎の基礎を固める！

（　）に適語を入れよ。　答⇒別冊 p.5

7 代謝とエネルギー

① 生物の生命活動を維持するために体外から取り入れた物質を体内で他の物質に変化させて利用するいろいろな化学反応全体を（❶　　　）という。

② 代謝のなかで二酸化炭素と水などの簡単な化合物から複雑な化合物をつくる働きを（❷　　　）といい，緑色植物が光を利用して行う（❸　　　）などがある。

③ 複雑な有機物をより簡単な物質に分解する過程を（❹　　　）といい，その代表的な過程が**呼吸**である。呼吸は植物も動物も行う。

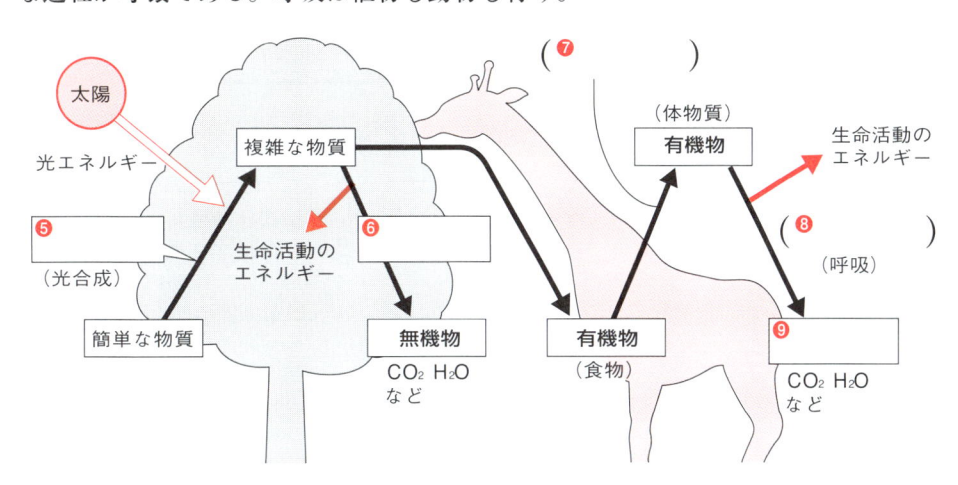

（❺　）（光合成）
（❻　）
（❼　）
（❽　）（呼吸）
（❾　）

8 ATP

① 同化や異化などの代謝の過程で生じたエネルギーは，直接生命活動に使われず，一度，（❿　　　）の中に蓄えられる。この物質は，必要に応じて（⓫　　　）とリン酸に分解される。そのときに放出される化学エネルギーが，いろいろな生命活動に利用される。そこで❿は**エネルギーの**（⓬　　　）ともよばれる。

② ATPは，糖とアデニンの結合した（⓭　　　）にリン酸が（⓮　）つ結合した化合物で（⓯　　　）の英語の頭文字をとったものである。

9 酵素

① 酵素は（⓰　　　）を主成分とする物質で，**化学反応を促進するが，それ自身は反応の前後で変化しない**。このような物質を（⓱　　　）という。

② 酵素はDNAのもつ遺伝子情報にしたがって（⓲　　　）で合成され，細胞の内外に分泌されて化学反応を進行させる。

テストによく出る問題を解こう！

答⇒別冊 p.5

11 [代 謝]

生命活動にともなって体内で行われている化学反応について，次の各問いに答えよ。
(1) 生体内で行われる化学反応全体を何というか。（　　　　　）
(2) (1)のうち，エネルギーを使って簡単な無機物から複雑な有機物を合成する過程を何というか（　　　　　）
(3) (1)のうち，複雑な有機物をより簡単な物質に分解して，有機物の中に含まれていた化学エネルギーを取り出す過程を何というか。（　　　　　）

12 [同化と異化] 必修

代謝について模式的に示した右の図について，次の各問いに答えよ。
(1) 図中の①〜④にあてはまる適当な語句を次から選び，記号で答えよ。
　ア 異化　　イ 同化　　ウ 呼吸
　エ 光合成
　　①（　　）　②（　　）
　　③（　　）　④（　　）
(2) 図中の①〜④のうち植物だけに起こる反応にあてはまるものを1つ選べ。（　　）

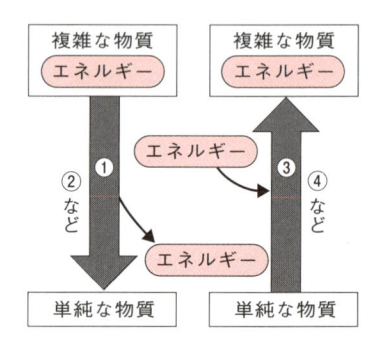

13 [ATP]

次の文の空欄に適当な語句を記入せよ。
　代謝に伴って出入りするエネルギーの仲立ちをする物質は①（　　　　　）である。動物や植物の生命活動に必要なエネルギーは必要に応じて②（　　　　　）の過程で①に蓄えられ，生命活動に利用される。この①は，エネルギーの③（　　　　　）ともいわれる。緑色植物が行う光合成では，④（　　　　　）エネルギーを用いて①は合成され，有機物の合成に利用される。また，②では有機物が分解されるときに放出される⑤（　　　　　）エネルギーを利用して①は合成され，さまざまな生命活動に利用される。

　ヒント ②はあらゆる動植物の細胞で酸素を用いて行われている反応。

14 ［ATPの構造と利用］ テスト

次の図は，エネルギーの受け渡しに関係するある物質を模式的に示したものである。

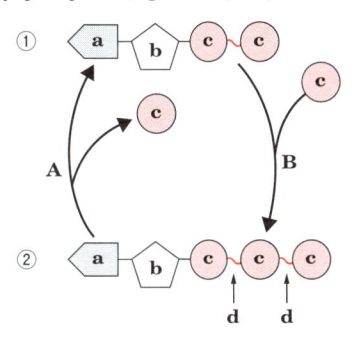

(1) 図中の①，②の物質名を答えよ。
　　①(　　　　　)　②(　　　　　)

(2) エネルギーを放出するのはA，Bどちらの反応か。
　　　　　　　　　　　　　　　　　　(　　　)

(3) 図中のa〜cは①，②の構成成分である。それぞれ名称を答えよ。
　　a(　　　　　)
　　b(　　　　　)
　　c(　　　　　)

(4) 図中のdの結合を何というか。
　　　　　　　　　　　　　　　(　　　　　　　)

(5) 次に示した生命活動の中で，ATPのエネルギーを直接利用していないものはどれか。1つ選び記号で答えよ。　(　　　)

　ア　筋収縮　　　イ　生物発光　　　ウ　生体物質の合成
　エ　消化酵素による消化

ヒント ATPはリボースという糖に塩基とリン酸が結合したものである。アミラーゼによるデンプンの分解はエネルギーを必要としない。

15 ［酵素とその性質］ 難

次の文を読んで，以下の各問いに答えよ。

　酵素は，化学反応に必要なエネルギーを減少させるはたらきをする。したがって，酵素が存在すると，ゆるやかな反応条件でもすみやかに化学反応が進行する。この酵素は反応の前後で変化しないため，繰り返し反応することができる。

(1) 酵素の主成分は何という物質か。　(　　　　　　　)

(2) 下線部について，二酸化マンガンや白金なども化学反応の進行に必要なエネルギーを減少させる働きをもつ。酵素やこれらの物質を何というか。(　　　　　　　)

(3) 酵素が合成される場所について，次から適当なものを選び記号で答えよ。(　　　)
　a　細胞内のみ　　　b　細胞外のみ　　　c　細胞内と細胞外の両方

(4) 次の酵素について，働く場所はどこか。(3)のa〜cより選び記号で答えよ。
　①　アミラーゼ　　　②　デヒドロゲナーゼ　　①(　　　)　②(　　　)

(5) 酵素を合成するための情報は何とよばれる化合物に保持されているか。
　　　　　　　　　　　　　　　　　　　　　　　(　　　　　　　)

ヒント (2) 下線部のエネルギーは活性化エネルギーとよばれる。二酸化マンガンや白金は，(1)からなる酵素と異なり熱や酸やアルカリの影響を受けにくい。また，反応する物質（基質）に対する特異性は小さい。
(4) ②のデヒドロゲナーゼは脱水素酵素ともよばれ，呼吸で重要な酵素。

4章 光合成と呼吸

⚙10 □ 光合成

① 炭酸同化…植物が二酸化炭素（CO_2）を取り込んで，エネルギーを使って炭水化物などの有機物を合成する働き。

② 光合成…炭酸同化のうち，光のエネルギーを利用する場合を**光合成**という。

③ 光合成の場…緑葉のさく状組織や海綿状組織の細胞に含まれる**葉緑体**。

④ **葉緑体**…ラクビーボール状の細胞小器官で，内外二重の膜で包まれている。内部にはチラコイドとよばれる扁平な膜構造があり，その膜にクロロフィルなどの**光合成色素**を含む。チラコイドが重なった構造をグラナ，チラコイド以外の基質の部分をストロマという。

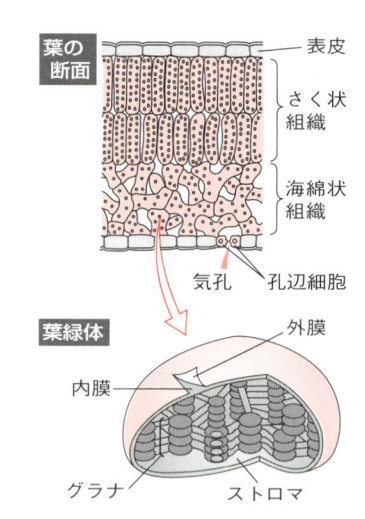

⑤ 光合成の反応…葉緑体が受け取った光エネルギーを使って，水と二酸化炭素から炭水化物などの有機物を合成する。反応は次のように示される。

水（H_2O）＋二酸化炭素（CO_2）＋光エネルギー→有機物（$C_6H_{12}O_6$）＋酸素（O_2）

⚙11 □ 呼　吸

① **呼吸**…複雑な有機物を体内でより簡単な物質に分解し，そのとき生じるエネルギーで**ATP**を合成する（異化）。呼吸では酸素を用いる。

② 呼吸の場…呼吸の場は**細胞質基質**と**ミトコンドリア**である。ミトコンドリアは内外二重の膜でできており，内膜による**クリステ**という多数のひだ状の構造が出ている。呼吸に関する多数の酵素が含まれている。

③ 呼吸の反応…呼吸の反応は次のように示される。

有機物（$C_6H_{12}O_6$など）＋酸素（O_2）→二酸化炭素（CO_2）＋水（H_2O）＋エネルギー

エネルギーは**ATP**に蓄えられ，一部は**熱エネルギー**として放出される。

⚙12 □ ミトコンドリアと葉緑体の起源—共生説

① ミトコンドリアは，原核細胞のうち酵素を用いて有機物を分解する**好気性細菌**が原始的な真核細胞に共生（細胞内共生）して細胞小器官となったものと考えられる。

② **葉緑体**は，原核細胞のうち**光合成をする原核生物**（シアノバクテリアなど）が原始的な真核細胞に細胞内共生して細胞小器官となったと考えられる。

基礎の基礎を固める！

( )に適語を入れよ。　答⇒別冊 p.6

10 光合成の場と光合成のしくみ　⌬10

① **光合成**…植物が二酸化炭素を取り込んで有機物を合成する働きを(❶　　　)といい，そのときに光エネルギーを利用する場合を(❷　　　)という。
　光合成の場は緑葉の**さく状組織**や**海綿状組織**の細胞に含まれる(❸　　　)である。

② **葉緑体**…内外二重の膜で包まれた細胞小器官で，内部にチラコイドという扁平な袋状の膜構造があり，その膜に(❹　　　)などの**光合成色素**が含まれる。

③ 光合成の反応は次のように示される。
　　水 ＋ (❺　　　) ＋ 光エネルギー ⟶ 有機物 ＋ (❻　　　)

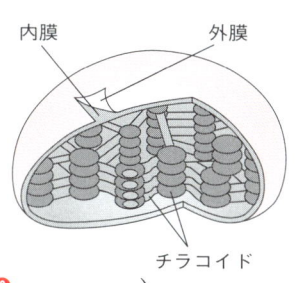

11 呼吸の場と呼吸のしくみ　⌬11

① **呼吸**…体内で，複雑な有機物をより簡単な物質に分解する過程を(❼　　　)という。呼吸はその代表例で(❽　　　)基質と(❾　　　)で行われる。

② **ミトコンドリア**…内外二重の膜でできており，(❿　　　)膜からクリステという多数のひだ状の構造がでている。ミトコンドリアには呼吸に関する多数の酵素が含まれている。

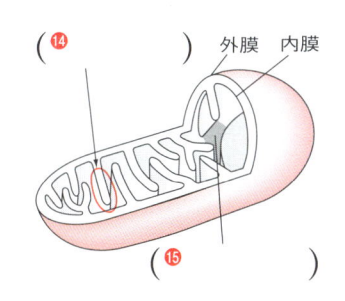

③ 呼吸の反応は次のように示される。
　　有機物 ＋ (⓫　　　) ⟶ (⓬　　　) ＋ 水 ＋ エネルギー　生じたエネルギーで(⓭　　　)が合成されるが，一部のエネルギーは熱エネルギーとなる。

12 ミトコンドリアと葉緑体の起源　⌬12

　ミトコンドリアは，原核細胞のなかの(⓰　　　)**性**の(⓱　　　)が原始的な真核細胞に(⓲　　　)し，葉緑体は，シアノバクテリアのような(⓳　　　)をする(⓴　　　)生物が(㉑　　　)してそれぞれ細胞小器官となったものと考えられる。このような考えを(㉒　　　)という。前者だけが共生したのが(㉓　　　)細胞に，両者が共生した細胞が(㉔　　　)細胞になったと考えられている。

4章　光合成と呼吸　17

テストによく出る問題を解こう！

答➡別冊 p.6

16 ［光合成・呼吸と細胞小器官］ 必修

図の A，B は代謝に関係する細胞小器官を拡大した図である。次の各問いに答えよ。

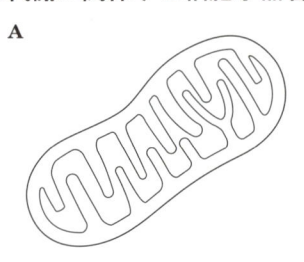

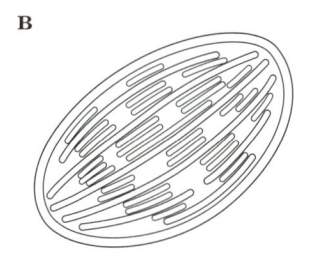

A　　　　　　　　　　B

(1) A，B の細胞小器官の名称をそれぞれ答えよ。

A（　　　　　　　）　B（　　　　　　　）

(2) 図1と図2の細胞小器官が重要な働きをもつ代謝は，それぞれ，呼吸と光合成のどちらか。

A（　　　　　　　）　B（　　　　　　　）

(3) 次の①〜⑤にあてはまるのはそれぞれ A，B のどちらか。どちらにもあてはまらない場合には×と記せ。

① 植物細胞に見られ，動物細胞には見られない。　　　　（　　　）
② すべての真核細胞に見られる。　　　　　　　　　　　（　　　）
③ 原核細胞に見られる。　　　　　　　　　　　　　　　（　　　）
④ 呼吸に関するさまざまな酵素が含まれている。　　　　（　　　）
⑤ 緑色の色素が多く含まれている。　　　　　　　　　　（　　　）

ヒント 葉緑体は，内部に，光合成色素をもったうすい袋状のチラコイド膜を何重にも重ねた状態でもつことで，効率的に光エネルギーを受け取って有機物を合成するようにできている。

17 ［光合成のしくみ］ テスト

光合成について，次の各問いに答えよ。

(1) 光合成は，代謝のうち異化，同化のどちらか。　　　　　　（　　　　　）

(2) 光合成の反応をまとめた次の式の空欄に適当な物質名を答えよ。

①（　　　　　　　）＋ 水 ＋ 光エネルギー ⟶ 有機物 ＋ ②（　　　　　　　）

(3) (2)①の気体は，陸上植物では葉のどこから取り入れられるか。（　　　　　）

ヒント 光合成のように二酸化炭素 CO_2 をもとに炭水化物などの有機物を合成する働きを炭酸同化という。植物は葉の裏側にある気孔（2つの孔辺細胞に囲まれたすきま）から必要な気体を取り入れ，水蒸気など体内で発生した気体を出している。

18 [呼吸のしくみ] テスト

呼吸について，次の各問いに答えよ。

(1) 呼吸が行われるのは細胞内のどこか。2つ答えよ。
（　　　　　　　　　）（　　　　　　　　　）

(2) 呼吸の反応をまとめた次の式の空欄に適当な物質名を答えよ。
　　有機物　＋　①（　　　　　　　）⟶　②（　　　　　　　　）＋　水　＋　エネルギー

(3) 呼吸の過程で生じたエネルギーは，いったんある物質に蓄えられた後，いろいろな生命活動に利用される。この物質名をアルファベット3字で答えよ。（　　　　　　）

ヒント 呼吸は，細胞の基質(液体)部分と内膜がひだ状に入り組んだ細胞小器官で行われ，細胞小器官では酸素を使って有機物を二酸化炭素 CO_2 と水 H_2O にまで完全に分解する。

19 [光合成と呼吸のしくみ] テスト

細胞内の代謝のしくみを模式的に示した右図に関して，次の各問いに答えよ。

(1) 図のA，Bの細胞小器官はそれぞれ何か。
A（　　　　　　　　　）
B（　　　　　　　　　）

(2) 図中の①～⑥に入る物質名をそれぞれ5字以内で答えよ。
①（　　　　　　　　　）
②（　　　　　　　　　）
③（　　　　　　）④（　　　　　　）⑤（　　　　　　）⑥（　　　　　　）

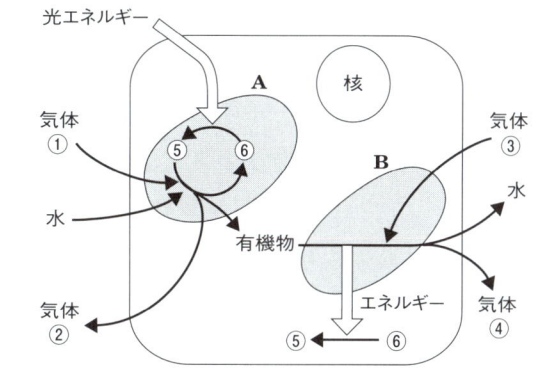

ヒント 光合成で光エネルギーを利用したり呼吸で放出されたエネルギーを生命活動に利用する際にはアデノシン三リン酸(略称はアルファベット3字)を仲立ちとする。

20 [細胞小器官の起源]

真核生物の細胞小器官の起源に関する次の各問いに答えよ。

　ミトコンドリアと葉緑体は，原始的な真核細胞に別の生物が取り込まれて変化したものと考えられている。

(1) ミトコンドリアと葉緑体はそれぞれ下のどのような生物であったと考えられるか。
　　ア　シアノバクテリア　　　イ　原始的な単細胞植物
　　ウ　好気性細菌　　　　　　エ　呼吸をする微小な真核生物
　　　　　　　　　　　　　　　ミトコンドリア（　　　）　　葉緑体（　　　）

(2) 上記のような細胞小器官の起源についての考え方を何というか。
（　　　　　　　　　　　　　）

4章　光合成と呼吸

5章 DNAの構造

⚷ 13 □ 遺伝子の本体
① **遺伝**…親の形質が子に伝わる現象。生物の性質や特徴を**形質**という。
② **遺伝情報と遺伝子**…その生物が個体として存在し生命活動を営むのに必要な情報を**遺伝情報**といい，それを親から子へ，細胞から細胞へ伝える担い手（物質）を**遺伝子**という。
③ 遺伝子の本体…**DNA**（デオキシリボ核酸）

⚷ 14 □ DNAの構成単位
① **ヌクレオチド**…DNAの構成単位となる物質。DNAは多数のヌクレオチドが鎖状に結合した高分子の化合物である。
② 1分子のヌクレオチドは，**糖**（**デオキシリボース**）と**リン酸**および**塩基**が結合した化合物。 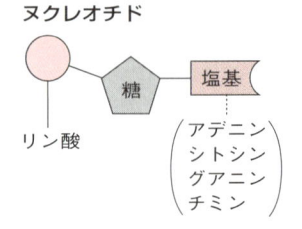
③ **DNAを構成する塩基**…**A**（アデニン），**T**（チミン），**G**（グアニン），**C**（シトシン）の4種類。
④ DNAの遺伝情報は**塩基配列**によって決められている。

⚷ 15 □ DNAの構造
① ヌクレオチドは糖とリン酸の部分で次々とつながって，鎖状の**ヌクレオチド鎖**をつくる。
② DNAを構成する塩基のうち，**A**と**T**，**C**と**G**の比は等しい → **A−T**，**G−C**が**相補的な塩基対**をつくっている。
③ DNAは2本のヌクレオチド鎖のAとT，CとGの塩基が向かい合って並んで**相補的な塩基対**をつくる。このはしご状になった2本のヌクレオチド鎖がゆるくねじれて**二重らせん構造**をつくる。
④ DNAの二重らせん構造は，**ワトソン**と**クリック**によって発見された。

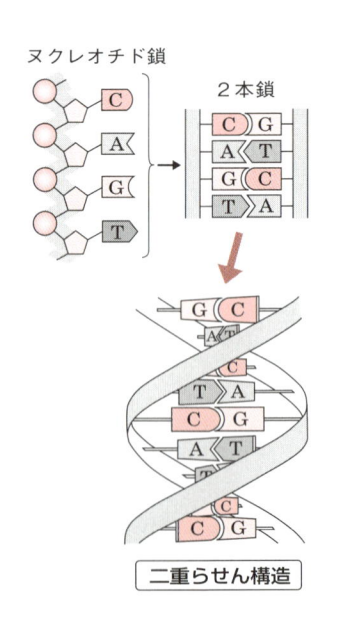

基礎の基礎を固める！

( )に適語を入れよ。 答⇒別冊 p.7

13 遺伝子の本体

① 遺伝…生物がもつ性質や特徴を(❶　　　)といい，これが親から子に伝わる現象を(❷　　　)という。そのとき親から子に伝わる個体の形成や生命活動に必要な情報を(❸　　　)という。この遺伝情報は(❹　　　)によって子に伝えられる。

② 遺伝子の本体は(❺　　　)(デオキシリボ核酸)である。

14 DNAの構造

① DNAは多数の(❻　　　)が鎖状に結合した高分子化合物である。

② ヌクレオチドは(❼　　　)(糖)と(❽　　　)および塩基が結合したものである。塩基にはアデニン，(❾　　　)，シトシン，グアニンの4種類があるので，ヌクレオチドも(❿　　　)種類ある。アデニンと(⓫　　　)，シトシンと(⓬　　　)は互いに対になるように結合して塩基対をつくる。

③ DNAをつくる(⓭　　　)どうしが多数結合して1本の長い鎖をつくる。2本の鎖の塩基どうしが向かい合ってAとT，Cと(⓮　　　)の組み合わせで塩基対をつくってゆるく水素結合という結合で結合し(⓯　　　)本鎖をつくる。2本鎖はゆるくねじれるので，DNAは(⓰　　　)構造をつくる。

④ このようなDNAの構造は，1953年に(⓱　　　)とクリックによって提唱され，のちに正しいことが明らかになった。

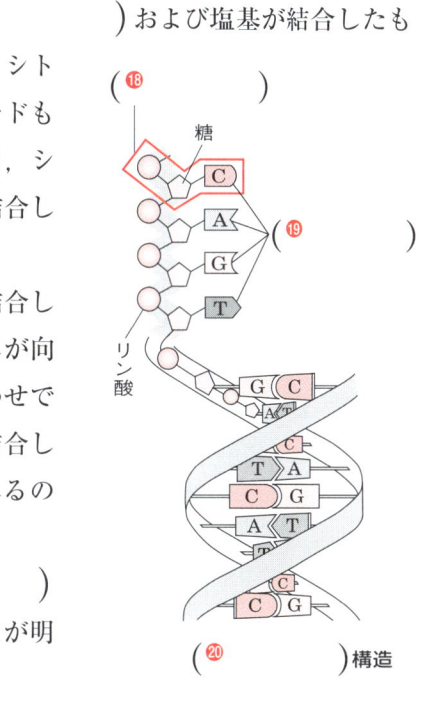

(⓲　　　)
糖
(⓳　　　)
リン酸

(⓴　　　)構造

テストによく出る問題を解こう！

答 ➡ 別冊 p.7

21 [遺伝子の本体]

生物の情報に関する次の各問いに答えよ。

(1) 生物がもつ性質や特徴を何というか。（　　　）
(2) 生物の形を決め，生命活動を行うのに必要な情報を何というか。（　　　）
(3) (2)が伝えられることによって親の(1)が子に伝わる現象を何というか。（　　　）
(4) (2)は何という物質によって保持され，親から子へ伝えられるか。アルファベット3字で答えよ。（　　　）

22 [DNAの構成単位] 言テスト

右図は，DNAの構成成分を模式的に示した図である。次の各問いに答えよ。

(1) 図のようなDNAを構成する単位を何というか。（　　　　　　　）

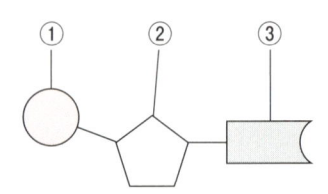

(2) 図中の①〜③を何というか，それぞれ下から1つ選び記号で答えよ。ただし③は窒素を含む物質である。　①（　　）②（　　）③（　　）

　ア　タンパク質　　イ　糖　　ウ　脂質　　エ　核酸　　オ　リン酸
　カ　アミノ酸　　　キ　塩基

(3) DNAを構成する(1)の②は特に何という種類（物質名）でよばれるか。（　　　　　　　）

(4) DNAを構成する(1)の③は4種類存在する。この4種類を答えよ。
（　　　　　）（　　　　　）
（　　　　　）（　　　　　）

ヒント (3) DNAは「デオキシリボ核酸」の略称で，②の種類に関係している。

23 [DNAの塩基配列]

右図はDNAの2本鎖に含まれる塩基配列の一部を模式的に示したものである。空欄に入る塩基を答えよ。

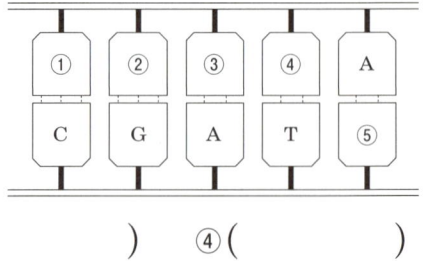

①（　　　）②（　　　）③（　　　）④（　　　）
⑤（　　　）

24 [DNA] テスト

次の表はある生物についてDNAに含まれる塩基の割合を調べた結果である。表中の空欄に入る適当な値を記せ。

	アデニン	シトシン	グアニン	チミン
生物A	27%	①	②	③
生物B	④	⑤	30%	⑥

ヒント DNAを構成するA, C, G, Tの塩基は，2つずつが同じ割合で含まれる。このことをアメリカのシャルガフが発見し，DNAの分子構造解明のヒントになった。

① (　　　)　② (　　　)　③ (　　　)　④ (　　　)
⑤ (　　　)　⑥ (　　　)

25 [DNAの構造] 必修

次の文はDNAの構造について説明したものである。文中の空欄に入る適当な語句を下から選んで記号で答えよ。

DNAは，多数の①(　　　)が鎖状に結合した高分子化合物である。1分子のDNAはこの鎖が2本組み合わさってできており，互いの②(　　　)どうしで向かい合って水素結合というゆるい結合で結び付いている。このとき，4種類ある②のうち，アデニンに対しては必ず③(　　　)が結び付き，シトシンに対しては必ず④(　　　)が相補的な②対をつくる。

この2本の①鎖が結合したはしごのような分子は，10塩基対で1周の周期でねじれた特有の立体構造を形成する。このDNAの分子構造を⑤(　　　)構造といい，1953年に⑥(　　　)と⑦(　　　)という2人の科学者によって初めて示された。

ア ヌクレオチド　　イ デオキシリボース　　ウ アデニン　　エ シトシン
オ グアニン　　カ チミン　　キ 糖　　ク 塩基　　ケ リン酸
コ ホームズ　　サ ワトソン　　シ ドラッグ　　ス クリック
セ ジグザグ　　ソ 二段はしご　　タ 二重らせん　　チ 三重らせん

ヒント ③④DNAを構成する塩基はA, C, G, Tの4種類で，AとT，GとCの組み合わせで結合する。

26 [DNA]

DNAに関する以下の問いに答えよ。
(1) DNAの遺伝情報は何の配列の形で保存されているか。　(　　　)
(2) DNAを構成する基本単位となる物質名を答えよ。　(　　　)
(3) DNAの特徴的な分子構造を何構造というか。　(　　　)
(4) DNA分子が(3)であることを解明した2人の科学者名を答えよ。
(　　　) (　　　)

6章 DNAの複製と遺伝子の分配

○ 16 □ DNAの複製のしくみ

① 二重らせん構造をつくっているDNAの2本のヌクレオチド鎖がほどける。

② それぞれのヌクレオチド鎖が**鋳型**となって相補的な塩基をもつヌクレオチドと結合する。

③ ②のヌクレオチドどうしが結合して新たな鎖をつくり，もとのDNAと全く同じ塩基配列をもつ2本鎖のDNAが2つできる。

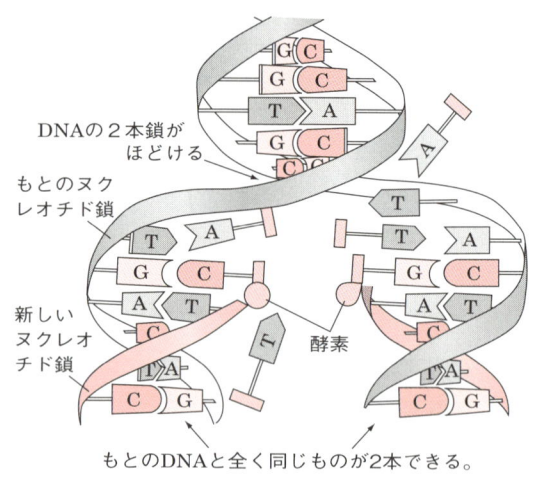

③ これをDNAの**半保存的複製**という。

> DNAの2本鎖は一方の鎖がもとのDNAの2本鎖の一方をそのまま受け継いだもの

○ 17 □ 細胞周期とDNA

① **細胞周期**…体細胞分裂をくり返して増えていく細胞の細胞分裂が終わってから次の細胞分裂が終わるまで。**分裂期**と**間期**に分けられる。

② DNAは**間期**の特定の時期(DNA合成期)に複製される。

③ 複製されたDNAは分裂期に正確に娘細胞に分配され，娘細胞は母細胞と全く同じ遺伝情報をもつ。

④ さまざまに**分化**した体細胞もすべて受精卵と全く同じ遺伝情報をもつ。

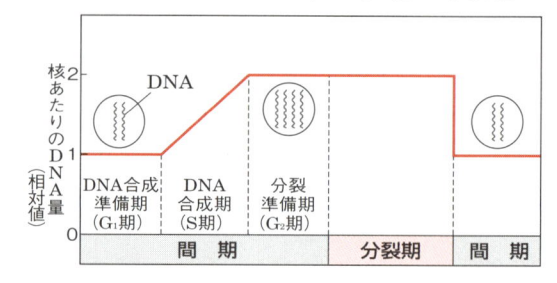

○ 18 □ DNAと染色体

① 真核細胞では，DNAはタンパク質と結合して染色体をつくる。

② 体細胞分裂や減数分裂の際は，染色体はさらに密に折りたたまれて太いひも状の構造に凝縮される。

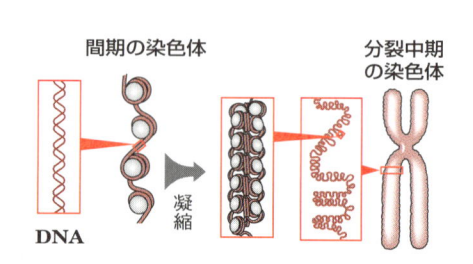

基礎の基礎を固める！

( )に適語を入れよ。　答➡別冊 p.8

15 DNAの複製のしくみ　🔑 16

① DNAが複製されるときは，まず（❶　　　）構造をつくっている（❷　　）本のヌクレオチド鎖がほどける。

② もとのDNAのそれぞれの鎖が（❸　　　）となって，そこに新たなヌクレオチドが，Aと（❹　　），Cと（❺　　）の相補的な塩基対をつくって結合する。

③ 酵素の働きで隣り合うヌクレオチドどうしが次々と結合され，新しいヌクレオチド鎖が形成される。そのため，もとのDNAと全く同じ（❻　　　）配列をもつ2本鎖のDNAが2つ形成される。これをDNAの（❼　　　）複製という。

16 細胞周期　🔑 17

① 細胞分裂をくり返す細胞における細胞分裂の開始から次の細胞分裂の開始までの間を（❽　　　）といい，分裂期（M期）と（❾　　　）に分けられる。

② DNAの複製は（❿　　）に行われる。❿は，DNA合成準備期（G_1期），DNA合成期（S期），分裂準備期（G_2期）に分けられ，DNA量はもとの（⓫　　）倍になる。

③ 体細胞分裂でできた2つの（⓬　　）細胞がもつDNA量は分裂直前の（⓭　　）分の1であるが，遺伝情報は母細胞がもつ遺伝情報と全く（⓮　　　）である。

④ 体細胞分裂でできた細胞は，さまざまな形や役割をもった体細胞に（⓯　　）していくが，DNAの遺伝情報は最初の細胞である（⓰　　　）と全く同じである。

17 DNAと染色体　🔑 18

① 真核細胞のDNAはヒストンという（⓱　　　）と結びつき，（⓲　　　）を形成している。

② （⓳　　）期には，染色体はさらに密に折りたたまれてひも状に凝縮し，核膜が消失して，下のような過程で娘細胞に分配される。

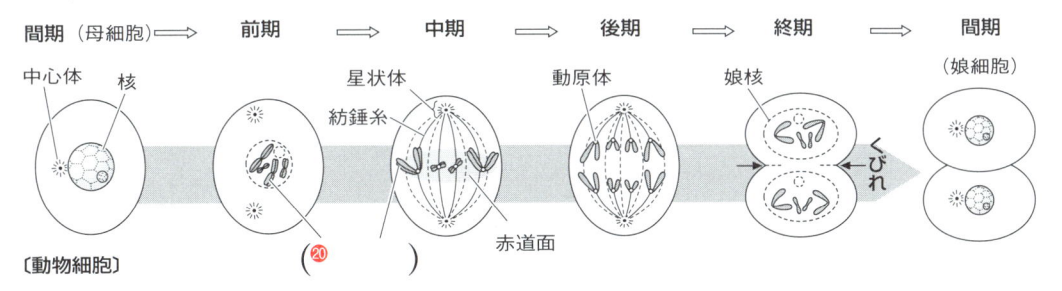

間期（母細胞）⇒ 前期 ⇒ 中期 ⇒ 後期 ⇒ 終期 ⇒ 間期（娘細胞）

中心体　核　星状体　紡錘糸　動原体　娘核　くびれ　赤道面　〔動物細胞〕　（⓴　　）

③ 体細胞分裂では，間期に複製されたDNAは2つの娘細胞に分配され，それぞれもとと同じDNA量となる。これに対して，卵や精子をつくるときに起こる（㉑　　）分裂では，連続した2回の分裂が起こり，染色体数やDNA量は母細胞から半減する。

テストによく出る問題を解こう！

答 ➡ 別冊 p.8

27 ［DNAの複製のしくみ］ 必修

下図は，DNAの複製のしくみを示したものである。次の各問いに答えよ。

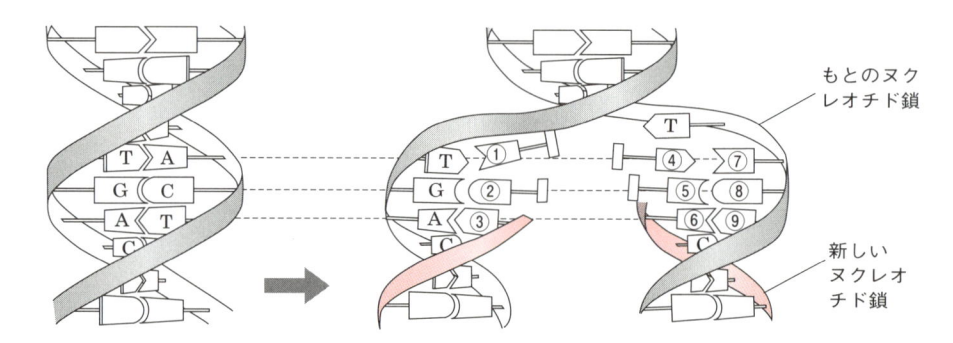

(1) 図中の①〜⑨の空欄に適当な塩基を記入せよ。塩基はA，T，C，Gで示せ。

①（　　　）②（　　　）③（　　　）④（　　　）⑤（　　　）
⑥（　　　）⑦（　　　）⑧（　　　）⑨（　　　）

(2) DNAのこのような複製方法を何とよぶか。（　　　　　　　　）

ヒント AとT，CとGは相補的な塩基対をつくる。

28 ［細胞周期とDNAの複製］ テスト

下の図1は細胞周期を示したものである。これに関するあとの各問いに答えよ。

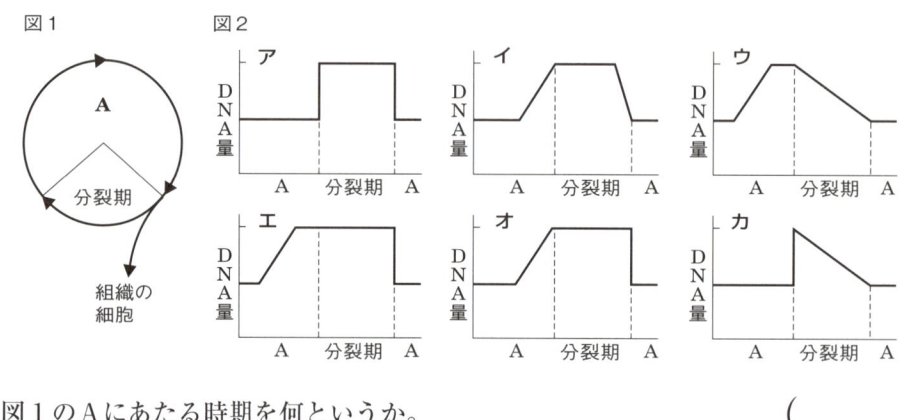

(1) 図1のAにあたる時期を何というか。（　　　　　　）

(2) 体細胞分裂を行う細胞のDNA量の変化として正しいものを図2のなかから選び，記号で答えよ。（　　　）

29 [染色体]

下図は，染色体の成り立ちを示した模式図である。図の A, B にあたる物質をそれぞれあとの語群から選び答えよ。

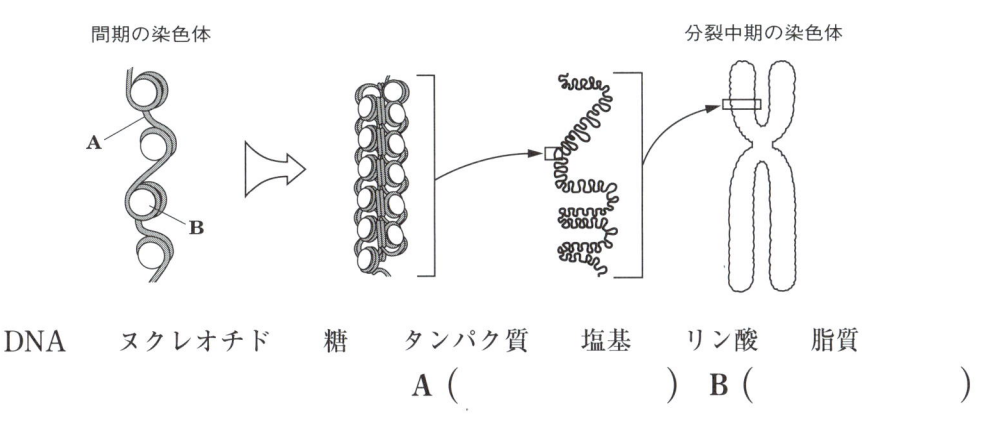

DNA　　ヌクレオチド　　糖　　タンパク質　　塩基　　リン酸　　脂質

A（　　　　　　）　B（　　　　　　）

30 [DNAと染色体]

DNAと染色体の関係について述べた次のア～エの文のうち，正しいものを選び記号で答えよ。（　　）

ア　真核細胞のDNAはつねに核膜に包まれている。
イ　真核細胞のDNAは分裂期の間のみタンパク質と結合している。
ウ　タンパク質と結合して染色体を構成するのは真核細胞のDNAのみである。
エ　染色体のDNAは細長いひも状に凝縮した状態で複製される。

31 [遺伝情報の分配] 必修

次の文を読んで，あとの各問いに答えよ。

多細胞生物のからだは1個の受精卵が細胞分裂をくり返してできた多数の（ ① ）細胞からなる。このときくり返される（ ② ）分裂では，その前の（ ③ ）期にDNAが複製され，分裂期に正確に分配されるため，もととなる母細胞と分裂によって生じた（ ④ ）つの娘細胞は等しい遺伝情報をもつ。

精子と卵は②分裂とは異なる（ ⑤ ）分裂を経てつくられる。この分裂ではDNA量は母細胞の半分になるため，卵や精子のもつDNA量は母細胞の半分となり，受精によって再び親の体細胞と同じDNA量となる。

(1) 文中の空欄に適当な語句を記入せよ。
①（　　　　）②（　　　　）③（　　　　）
④（　　　　）⑤（　　　　）

(2) 細胞分裂で生じた細胞が特定の構造や機能をもつようになることを何というか。
（　　　　　　）

7章 遺伝情報の発現

🔑 19 □ タンパク質と遺伝情報

① **タンパク質**…多数のアミノ酸がペプチド結合で結合したポリペプチド鎖からなる高分子化合物。

② タンパク質はアミノ酸の種類やその配列によって非常に多様な種類があり，これは，**DNAの遺伝情報**によって決定される。

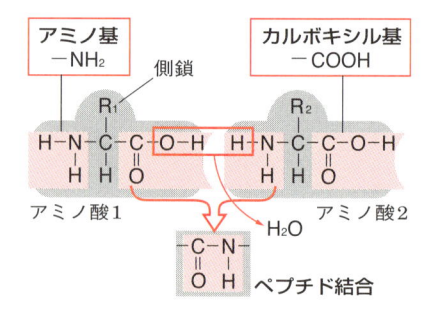

③ タンパク質は，からだの構造をつくったりさまざまな生命活動に重要な働きをする。 例 酵素，ホルモン，ヘモグロビン，抗体，筋繊維

🔑 20 □ RNA

① RNA（リボ核酸）…DNAの遺伝情報発現（タンパク質合成）の過程で働く。

	構造	糖	塩基
DNA	2本鎖	デオキシリボース	A, C, G, T
RNA	1本鎖	リボース	A, C, G, U（ウラシル）

② **RNAの種類**
- **mRNA**（伝令RNA）…DNAの遺伝情報を転写して細胞質に伝える。
- **tRNA**（転移RNA）…タンパク質の材料となるアミノ酸を運搬する。
- **rRNA**（リボソームRNA）…タンパク質と結合してリボソームを構成する。

🔑 21 □ タンパク質の合成－遺伝情報の発現（真核細胞）

① トリプレット…DNA，RNAの塩基配列で，1個のアミノ酸を指定する連続した3個の塩基配列。

② **遺伝情報の転写**…核内でDNAの塩基配列に相補的なヌクレオチドが結合し，RNA（mRNA）が合成される（転写）。

```
DNA … A C G T
       ↓ ↓ ↓ ↓
RNA … U G C A
```

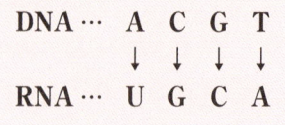

③ **翻訳**…mRNAは核から細胞質に移動し，リボソームという構造体の働きでmRNAの塩基配列に指定されたアミノ酸がペプチド結合でつながることで，DNAの遺伝情報どおりのタンパク質が合成される（翻訳）。

④ セントラルドグマ…遺伝情報は **DNA → RNA → タンパク質** と一方向でのみ進むという考え，および，この流れのこと。

基礎の基礎を固める！

（　）に適語を入れよ。　答➡別冊 p.9

18 タンパク質と遺伝情報　○―19

① **タンパク質**…2分子の（❶　　　）から1分子の（❷　　）がとれてできる化学結合を（❸　　　）結合という。タンパク質は，多数のアミノ酸が❸結合してできた（❹　　　）鎖からなる高分子の化合物である。タンパク質は，からだの構造をつくったり，機能を維持するのに重要な働きをしている

② **タンパク質の種類**…タンパク質の種類は非常に多く，構成するアミノ酸の種類や数，（❺　　）によって決まっている。そのアミノ酸の配列や種類は（❻　　　）のA，T，C，Gの（❼　　）配列として組み込まれた遺伝情報によって指定される。

19 RNA　○―20

① **RNAの構造**…RNA（リボ核酸）はDNAと同様に（❽　　　　）が多数結合した化合物。RNAは二重らせんを形成しないほか，DNAとの相違点は次のようになる。

	糖	塩基の種類			
DNA	デオキシリボース	A，C，G，T			
RNA	（❾　　）	（❿　）	（⓫　）	（⓬　）	（⓭　）

② **RNAの種類**…RNAは，次のような働きをもつ3種類がある。

　　　(（⓮　　　）…DNAの遺伝情報を細胞質中のリボソームに伝える。
　　　{ tRNA…指定された（⓯　　　）を細胞質中のリボソームまで運ぶ。
　　　(rRNA…タンパク質とともにリボソームを構成する。

20 タンパク質合成−形質発現　○―21

① タンパク質を構成するアミノ酸の種類や配列を決める遺伝情報はDNAの（⓰　　　）配列として保存されている。このうち，連続した（⓱　　）個の塩基配列が1つの遺伝暗号として1つのアミノ酸を指定し，（⓲　　　）とよばれる。

② **転写**…核内では，DNAの塩基配列が写し取られて（⓳　　　）が合成される。これを遺伝情報の（⓴　　　）という。合成された⓳は細胞質に移動する。

③ **翻訳**…細胞質ではリボソームがmRNAの塩基配列を読み取り，その⓲に対応したアミノ酸がtRNAによって運ばれてくる。アミノ酸は，mRNAの遺伝暗号に従って次々と（㉑　　　）結合して連結され，**ポリペプチド鎖**となる。この過程を遺伝情報の（㉒　　　）といい，ポリペプチド鎖は，複雑な立体構造をもつタンパク質となる。

④ **DNA → RNA → タンパク質**　という一方向に伝えられる遺伝情報の流れを，生物すべてを支配する決まりであるとして（㉓　　　　　）（中心命題）という。

7章　遺伝情報の発現　29

テストによく出る問題を解こう！

答➡別冊 p.9

32 ［タンパク質の構造］必修

下の文は，タンパク質について説明したものである。次の各問いに答えよ。

　タンパク質は，生物のからだに含まれる物質の中で最も種類が多く，量も多い。からだの構造をつくったり，機能を維持するのに重要な働きをしているタンパク質はある有機物が構成単位として多数結合したものである。右下の図は，この構成単位となる有機物を示したもので，Rの部分が異なる約20種類が存在する。

　DNAの遺伝情報は，その構成単位の種類や数および配列順序を決定し，タンパク質の合成を指定することによって形質を発現している。

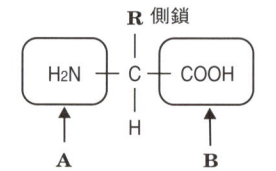

(1) 文中下線部のある構成単位とは何か。　（　　　　　）

(2) 図のA，Bの部分はそれぞれ何基というか。
　　A（　　　　　　　）B（　　　　　　　）

(3) タンパク質を構成する(1)は，何とよばれる結合で結合しているか。
　　　　　　　　　　　　　　　　　　　　（　　　　　　　）

(4) タンパク質は，(3)の結合で多数の(1)がつながった鎖が折りたたまれて立体的な構造をもった物質だが，この鎖は何鎖とよばれるか。（　　　　　　　）

(5) (1)の物質は20種類あるが，これが4つつながった(4)の鎖は何種類できると考えられるか。ただし(1)は方向性があるので，組み合わせが同じで並び順が逆の鎖は別の物質になる。（　　　　　　　）

ヒント (2)アミノ酸は，酢酸などにも見られるカルボキシル基と，窒素を含むアミノ基をもつ。

33 ［RNA］必修

RNAについて，次の各問いに答えよ。

(1) RNAを構成するヌクレオチドに含まれる糖の種類を答えよ。
　　　　　　　　　　　　　　　　　　　　（　　　　　　　）

(2) RNAに含まれる4種類の塩基をアルファベット1字でそれぞれ答えよ。
　　　　　　　　　　　　　　（　　）（　　）（　　）（　　）

(3) DNAの塩基配列を写し取り核外に運ぶ役割をもつRNAの名称として適当なものを，下の語群から選び記号で答えよ。（　　　　）
　　ア　mRNA　　イ　tRNA　　ウ　rRNA

ヒント (3)DNAの遺伝情報を核外に運ぶRNAは伝令RNAともいい，英語ではメッセンジャー。

34 ［遺伝情報とタンパク質合成］　テスト

下図は，遺伝情報が発現されるしくみを模式的に示したものである。次の各問いに答えよ。

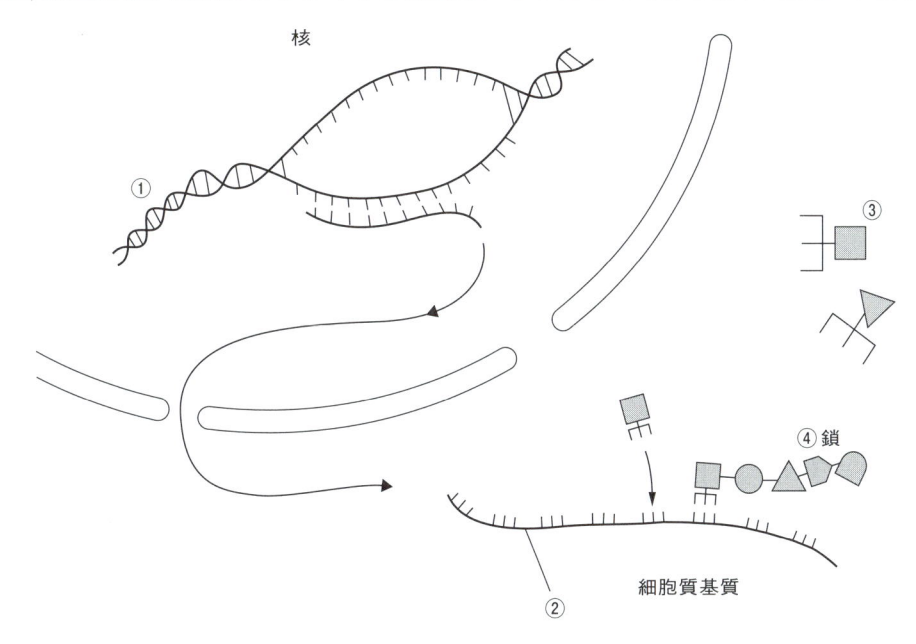

(1) 図中の①～④にあてはまる適当な語句を答えよ。
　　①(　　　　　) ②(　　　　　)
　　③(　　　　　) ④(　　　　　)

(2) ②が合成され①に塩基配列が写し取られることを何というか。(　　　　　)

(3) ③どうしが次々と結合している結合は何という結合か。(　　　　　)

(4) ④の合成は，②の塩基配列が③の配列に置き換えられるということから何とよばれるか。(　　　　　)

(5) ①の塩基配列がATTGCCの場合，②の塩基配列はどのようになるか。
　　(　　　　　)

　ヒント　DNAと異なり，RNAの塩基には，Tはなく，かわりにUが用いられる。

35 ［遺伝情報の流れ］

DNA →① RNA →② タンパク質と遺伝情報が伝わる流れについて次の各問いに答えよ。

(1) ①，②の過程をそれぞれ何というか。　①(　　　　　) ②(　　　　　)

(2) このような遺伝情報の一方向の流れを何というか。(　　　　　)

8章 ゲノムと遺伝情報

22 □ゲノムと遺伝子

① **ゲノム**…ある生物がもつ，生存に必要なすべての遺伝情報（DNAの塩基配列）の1セット。精子や卵がもつすべての染色体DNAの塩基配列。

② **細胞がもつゲノムの数**…受精によって生まれる真核生物の体細胞は**2組**のゲノムをもつ。1組は父親から，1組は母親から受け継いでいる。

③ **ゲノムの大きさ（ゲノムサイズ）**…塩基対の数で表される。　例　大腸菌…約460万，ショウジョウバエ…約1億8000万，ヒト…約30億

23 □ヒトゲノムと染色体

① ヒトゲノムを構成するDNAには，約30億個の塩基対が含まれ，約2万～2万5千個の遺伝子が存在していると考えられている。

　　他の生物の遺伝子数（推定値）：酵母菌…6200，ショウジョウバエ…13700

② **DNAと染色体**…ヒトの体細胞の染色体数は**46本**（ゲノム2組分＝約60塩基対）で，各染色体には切れ目のない1本のDNA分子が含まれている。

③ ヒトゲノムを構成するDNAのうち，遺伝子（タンパク質のアミノ酸配列を指定する）となる塩基配列は1～2%程度で，**大部分の領域は利用されない**。

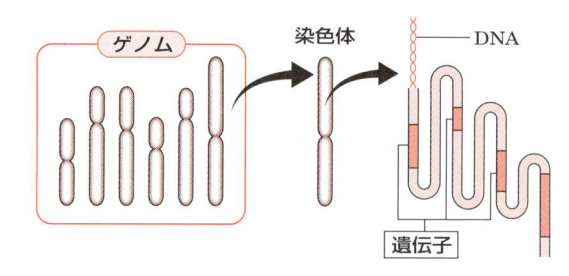

④ ヒトゲノムは2003年までにすべての**塩基配列が解読されている**。このうち約1000個に1個の割合で個人によって塩基が異なる箇所がある。

⑤ 解読されたゲノムの塩基配列の情報は，遺伝子の働くしくみなど**分子生物学の研究**や，病気の原因の解明，薬品の開発など**医学の研究に役立つ**。

24 □遺伝子発現の調節

① **分化と遺伝情報**…分化した体細胞も受精卵と同様に，個体に必要なすべての遺伝情報をもつが，そのうち**特定の遺伝子だけが働く**ようになる。

② **パフ**…ハエなどの昆虫のだ腺に見られる**だ腺染色体**（巨大染色体）の膨れた部分。遺伝子の転写が行われ，発生段階によってできる位置は変化する。

基礎の基礎を固める！

（　）に適語を入れよ。　答⇒別冊 p.10

21 ゲノムとは何か　⚷22

① 生物がもつ，個体の生存に必要なすべての遺伝情報の1組を（❶　　　　）という。いい換えると❶はある生物がもつDNAの塩基配列の1組といえる。真核生物がもつ❶は，体細胞は（❷　　）組，精子や卵は（❸　　）組である。

② ❶の大きさは（❹　　　　　）の数で表される。この数はヒトでは約30億で，これに対し原核生物である大腸菌では約460万と推定されている。つまりヒトの体細胞の核に含まれるDNAは約（❺　　　　）個の❹をもつことになり，1個の細胞でくらべると大腸菌の約1300倍あることになる。

22 ヒトゲノムと染色体　⚷23

① ヒトのゲノムを構成するDNAは，約30億個の塩基対からなり，かつてはその中に約10万個の（❻　　　　　）が含まれると推定されていたが，現在有力とされる説の1つでは約20500個と考えられている。これはショウジョウバエの2倍弱である。

② **ヒトの染色体**…体細胞の染色体数は男女とも（❼　　　）本で，卵では（❽　　　）本，精子では（❾　　　）本。この（❿　　　）本の染色体のDNAの遺伝情報（塩基配列）がゲノムである。

③ 1個の染色体を構成するDNA分子の数は（⓫　　）個で，これが（⓬　　　　　）の一種であるヒストンに巻きついて折りたたまれ，非常に細い繊維を形成している。

④ ヒトゲノムを構成するDNAの塩基配列のうち，タンパク質の（⓭　　　　）配列を指定する領域は約1～2％で，残りの領域は転写されないと考えられている。

⑤ ヒトゲノムは2003年までにすべての塩基配列が（⓮　　　　　）されている。このうち約1000個に1個の割合で個人によって塩基が異なる箇所がある。

23 遺伝情報の発現の調節　⚷24

① 多細胞生物の細胞は体細胞分裂をくり返して数が増すとともに，特定の構造や機能をもつ細胞に変化する。この変化を細胞の（⓯　　　　　）という。⓯した細胞でも受精卵と（⓰　　　　）遺伝情報をもっている。

② ハエやカなどの翅（はね）が2枚の昆虫の（⓱　　　　）には，（⓲　　　　　）とよばれる巨大な染色体がある。この染色体は間期でも観察でき，多数の横しまをもつ。

③ ⓲を観察すると，ところどころ膨れている部分があり，これを（⓳　　　　）という。この部分ではDNAの遺伝情報の（⓴　　　　）が行われている。この位置は発生段階によって変化するので，時期によって発現する遺伝子が決まっているといえる。

テストによく出る問題を解こう！

答➡別冊 *p.10*

36 ［遺伝情報とゲノム］ 必修

遺伝情報に関する次の各問いに答えよ。

(1) 生物がもつ，個体の生存に必要なすべての遺伝情報の1組を何というか。
（　　　　　）

(2) 次にあげる細胞には，それぞれ何組の(1)が含まれているか。
① ヒトの体細胞（　　　　　）
② ヒトの卵（未受精卵）（　　　　　）
③ ヒトの受精卵（　　　　　）
④ カエルの精子（　　　　　）
⑤ 大腸菌（　　　　　）

ヒント 生物の生存に必要なすべての遺伝情報（DNAの塩基配列）をゲノムといい，体細胞は核内に2組のゲノムをもつ。

37 ［ゲノムと染色体］ テスト

ゲノムに関する次の文のうち，正しいものには○，間違っているものには×をつけよ。

(1) ゲノムの大きさ（ゲノムサイズ）はDNAの塩基対の数で表される。（　　）
(2) ゲノムの大きさは，原核細胞でも真核細胞でもだいたい同じである。（　　）
(3) ゲノムは細胞に含まれるすべての遺伝情報の1組，つまりその生物がもつすべての遺伝子をまとめたものである。（　　）
(4) ヒトのゲノム（ヒトゲノム）は23本の染色体のDNAの塩基配列である。（　　）
(5) 1本の染色体は1分子のDNAと多くのタンパク質分子からなるので，ヒトの体細胞は46分子のDNAをもつ。（　　）
(6) ヒトゲノムには2万個あまりの遺伝子が存在するが，それ以外の，タンパク質のアミノ酸配列を指定しない塩基配列のほうが大部分を占める。（　　）

38 ［ゲノムプロジェクト］ テスト

次の文の空欄に入る語を答えよ。

　生物がもつすべての遺伝情報すなわちDNAの①（　　　　　）を知ることができると，遺伝子が指定するタンパク質のアミノ酸配列からタンパク質の性質や働きがわかったり，遺伝子が働くしくみを調べるのに大きく役に立つ。生物がもつゲノムのすべての情報を解読しようというのがゲノムプロジェクト（ゲノム計画）で，大腸菌や酵母菌，ショウジョウバエ，イネなどについて解読が行われた。ヒトについては1990年に国際プロジェクトが開始され，2000年には約90％について，2003年にほぼすべての①について解読が完了

した。この成果によって，分子生物学の研究のほか，ヒトが祖先生物から②(　　　　)してきた過程の研究や，多くの病気の遺伝要因が解明されて，それをもとにした「遺伝子診断」や「遺伝子治療」，約1000塩基に1箇所の割合で存在する個人差（1塩基多型）を調べることで，患者個人の③(　　　　)の効き目や副作用をあらかじめ判断したり，新しい③の開発に役立てるなど④(　　　　)的な研究における利点ははかり知れないと考えられる。ただしこれら遺伝情報はきわめて重要な個人情報であり，プライバシーの保護として十分に守られる必要がある。

39 ［遺伝子発現の調節］ 難

下の文は，ショウジョウバエのある染色体について説明したものである。また，図は発生段階とある染色体の膨らんだ部分の位置の変化を示したものである。各問いに答えよ。

ハエなどの双翅目（翅が2枚の昆虫）の a ある器官を顕微鏡で観察すると，間期でも，b 巨大な染色体を観察できる。この染色体を酢酸オルセイン溶液で染色すると，赤く染まる横しまが多数見える。また，よく観察すると染色体のところどころに c 膨らんだ部分があることがわかる。いろいろな発生段階で，この染色体を観察すると，d 膨らんだ部分の位置が変化していることがわかった。

(1) 下線部 a のある器官とは何か。　　　　(　　　　　　　　)

(2) 下線部 b の染色体の名称を答えよ。　　(　　　　　　　　)

(3) 下線部 c の部分を何というか。　　　　(　　　　　　　　)

(4) 下線部 c の部分では，どのようなことが行われているか。次のア～ウから選び記号で答えよ。　　(　　　)
　ア　DNAの複製　　イ　遺伝情報の転写　　ウ　遺伝情報の翻訳

(5) 下線部 d や図から，遺伝子発現についてどのようなことがいえるか。次のア～ウから選び記号で答えよ。　　(　　　)
　ア　発生段階にかかわらず細胞内のすべての遺伝子はそれぞれ一定の働きをしている。
　イ　発生段階によって不要な遺伝子は消失していく。
　ウ　発生段階によってどの遺伝子が働くかは調節されている。

　　ヒント (5) 染色体の膨らんだ部分で遺伝子が働いていて，その位置が変化していることから，それぞれ別の遺伝子が働いていることがわかる。

入試問題にチャレンジ！

答➡別冊 p.10

1 右下の図は，一般的な動物細胞の模式図である。以下の問いに答えよ。

(1) 細胞内部には特定の機能を分担している多くの構造体が見られるが，それらを総称して何というか。

(2) 図の①～⑤の構造体の名称と機能をそれぞれ示せ。

(3) 次の文章の空欄に適切な語を入れよ。
　　⑤の構造体は ア[　　] と イ[　　] で二重に包まれており，その イ[　　] は内部につきだしてひだ状になっている。この⑤の構造体は細胞で行われる ウ[　　] において重要な役割を果たしている。

(京都工芸繊維大 改)

2 代謝に関する下の文章を読んで次の各問いに答えよ。

生物は，外界から取り入れた物質を，①[　　] とよばれる過程でさまざまにつくりかえる。①[　　] には取り入れた物質を分解する ②[　　] と，その生物のからだを構成する物質をつくりだす ③[　　] がある。一般に，②[　　] はエネルギーを放出する反応で，③[　　] はエネルギーを吸収して進む反応である。生物は，多くの ④[　　] とよばれるタンパク質が，これらの化学反応を促進する。一般に，1種類の ④[　　] が1つの化学反応を促進しており，生体内では多くの種類の酵素が制御されながら働いている。

(1) 文中の①～④の空欄に適当な語句を記せ。

(2) 動・植物の細胞とも行う②の代表的な過程を何とよぶか。

(甲南大 改)

3 酵素に関する次の文について，下の問いに答えよ。

私たちの身体は酵素が ①[　　] する無数の化学反応によって維持されている。通常同じ化学反応を酵素なしで進行させるためには，外部から熱などを加えて分子を ②[　　] する必要がある。このとき必要なエネルギーを ③[　　] という。酵素は一時的に ④[　　] を形成し，③[　　] を下げることによって常温で反応を進行させることができる。

(1) 文中の①～④の空欄に適当な語句を次から選び記号で答えよ。
　　ア　分解　　　イ　消費　　　ウ　活性化　　　エ　温度
　　オ　活性化エネルギー　　カ　酵素－基質複合体
　　キ　酸化　　　ク　化学エネルギー　　　ケ　触媒

(2) 酵素をつくる主成分は何か。

(横浜市大 改)

4 光合成に関する下の文を読んで，次の各問いに答えよ。

植物は，光エネルギーを用いて，水および①□から，有機物を合成する。この作用は光合成とよばれ，植物細胞特有の細胞小器官である②□の中で行われる。②□の内部は，袋状の膜構造である③□とそれを取り囲む液状の④□に分けられる。③□には，光合成色素が大量に存在し，光エネルギーを吸収して活性化させる光化学反応が行われる。

(1) 文中の①～④に適当な語句を記せ。
(2) 下線部の陸上の緑色植物に含まれる代表的な光合成色素を答えよ。
(3) 光合成の結果，生成される物質を2つ答えよ。

(日本女子大 改)

5 DNAに関する次の文章を読んであとの各問いに答えよ。

遺伝子の本体はDNAである。DNAはヌクレオチドが多数鎖状に結合した高分子化合物で，ヌクレオチドは①□と糖と塩基からなる。塩基にはアデニン(A)，チミン(T)，グアニン(G)，シトシン(C)の4種類がある。DNAは，2本のヌクレオチド鎖がお互いの塩基が相補的になるように平行に並び，それがねじれた②□構造をとっている。一方，生物の形質を担う主役はタンパク質であり，そのアミノ酸配列はDNAの塩基配列によって指定される。DNAの情報をもとにしてタンパク質がつくられるには，いくつかの過程がある。₁DNAの塩基配列の情報は，まずRNAに写し取られる。DNAのもつ塩基A，T，G，Cに対して，それぞれに相補的な塩基である③□，④□，⑤□，⑥□をもったヌクレオチドが連結される。DNAを構成するヌクレオチドが糖として⑦□をもつのに対し，RNAを構成するヌクレオチドは糖として⑧□をもつ。写し取られたRNA(mRNA)は核から細胞質に出て，₂RNAの塩基配列がアミノ酸の配列に読みかえられていく。RNAの連続した3個の塩基配列がアミノ酸を指定し，この3個の塩基配列をコドンという。コドンが指定するアミノ酸は互いに⑨□結合によって連結され，タンパク質が合成されていく。

(1) 文中の①～⑨に入る適切な語句または記号を記せ
(2) 下線部1について，この過程を何というか答えよ。
(3) 下線部2について，この過程を何というか答えよ。

(関西大 改)

2編 生物の体内環境の維持

1章 体内環境と体液

🗝 1 □ 体内環境（内部環境）と体液

① **恒常性（ホメオスタシス）**…体内環境（体液がつくる環境）をできるだけ一定に保とうとするしくみ。

② 体液の種類…次の 3 つに分けられる。

> 体液は細胞をとりまく環境

体液
- **血液**
  - 細胞成分…赤血球（**ヘモグロビン**による酸素の運搬），白血球（食作用による細菌の捕食，免疫），血小板（血液凝固）
  - 液体成分…血しょう（栄養分・老廃物などの運搬）
- **組織液**…血液の血しょう成分がしみ出したもので，細胞や組織の間を満たす。
- **リンパ液**…リンパ管に吸収された組織液。リンパ球を含む。

🗝 2 □ 循環系とそのつくり

① 循環系…血管系とリンパ系からなる。

② 血管系
- **開放血管系**…毛細血管が未発達。多くの無脊椎動物。
  （心臓→動脈→組織に放出→静脈→心臓）
- 閉鎖血管系…動脈と静脈を結ぶ**毛細血管が発達**。脊椎動物。
  （心臓→動脈→組織の毛細血管→静脈→心臓）

③ ヒトの心臓… 2 心房2 心室からなる。

④ 肺循環と体循環
- **肺循環**…心臓（右心室）→肺動脈→肺→肺静脈→心臓（左心房）
- **体循環**…心臓（左心室）→大動脈→全身→大静脈→心臓（右心房）

⑤ 酸素の運搬…肺で取り入れられた酸素は，**ヘモグロビン**と結合して運ばれ，酸素の少ない組織で放出される。

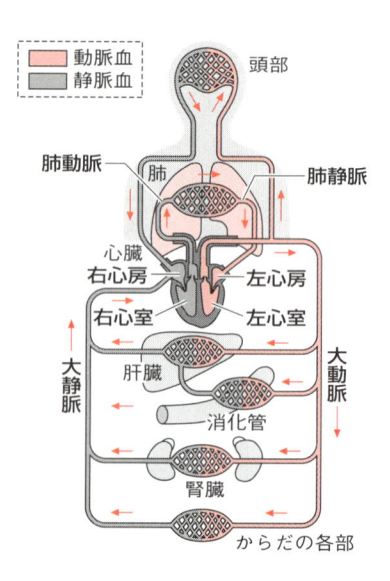

$$Hb + O_2 \underset{\text{組織}}{\overset{\text{肺}}{\rightleftharpoons}} HbO_2$$
（ヘモグロビン） （酸素ヘモグロビン）

基礎の基礎を固める！

( )に適語を入れよ。 答⇒別冊 p.11

1 体外環境と体内環境 🔑1

① 体外環境と体内環境…温度・湿度など生物を取り巻く環境を（❶　　　　），細胞の周囲を満たす（❷　　　　）の状態を（❸　　　　）という。

② 気温などの体外環境が変化しても体内環境を一定に保とうとするしくみを，ホメオスタシス＝（❹　　　　）という。

2 体液の種類と働き 🔑1

① 脊椎動物の**体液**は，血液，（❺　　　　），リンパ液の3つに分けられる。

② **血液**…血球と（❻　　　　）からなる。血球には，酸素を運ぶ（❼　　　　），免疫などに関係する（❽　　　　），血液凝固に関係する（❾　　　　）がある。
血しょうの90％は水で，7％はタンパク質，0.1％グルコースで，無機塩類も含まれる。

③ **組織液**…血管から（❿　　　　）の一部がしみ出したもので，直接細胞を浸す。細胞との間で（⓫　　　　）と二酸化炭素，栄養分と老廃物の受け渡しを行う。

④ **リンパ液**…リンパ管内を流れる。（⓬　　　　）とリンパしょうからなる。

3 体液の循環 🔑2

① 体液を循環させる心臓や血管などの器官をまとめて（⓭　　　　）という。脊椎動物は**毛細血管**が発達した（⓮　　　　）血管系で，血管系のほかに（⓯　　　　）をもつ。昆虫類や甲殻類などの節足動物や貝類などの循環系は血管系のみで，毛細血管をもたない開放血管系である。

〔ヒトの心臓のつくり〕

② **血管の種類**…心臓から流れ出る血液が通る血管を（⓰　　　　），心臓に戻る血液が流れる血管を（⓱　　　　），その間をつなぐ細い血管を（⓲　　　　）という。

③ （⓳　　　　）循環 … 心臓（右心室）→ 肺動脈 → 肺 → 肺静脈 → 心臓（左心房）
（⓴　　　　）循環 … 心臓（左心室）→ 大動脈 → 全身 → 大静脈 → 心臓（右心房）

4 体液による物質の運搬 🔑2

① **酸素の運搬**…赤血球中の（㉑　　　　）は，酸素濃度（分圧）の高い肺やえらで酸素と結合し，鮮紅色の（㉒　　　　）となって酸素を運搬する。酸素濃度の低い全身の組織では，逆に酸素を放出して㉑に戻る。

② （㉓　　　　）…酸素濃度と酸素ヘモグロビンの割合との関係を示すグラフ。

③ 栄養分や CO_2 などの老廃物は，血液中の（㉔　　　　）によって運ばれる。

1章 体内環境と体液 39

テストによく出る問題を解こう！

答➡別冊 p.11

1 ［体外環境と体内環境］

下の文は，生物と環境について説明したものである。また下図は，生物の体液を模式的に示したものである。次の各問いに答えよ。

生物を取り巻く外界の環境を（ ① ）といい，これに対して生物のからだを構成する細胞の周囲を満たす（ ② ）の状態を（ ③ ）という。生物は①が変化しても③を一定の範囲に保とうとするしくみをもっている。

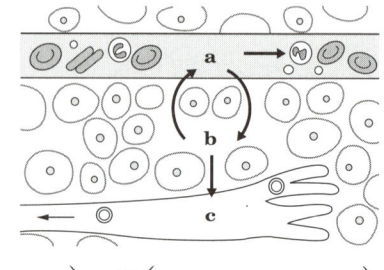

(1) 文中の空欄に適当な語句を記入せよ。
① (　　　　　) ② (　　　　　　) ③ (　　　　　)

(2) 文中の②は図の a～c で示されたものに分けることができる。それぞれ何とよぶか。
a (　　　　　) b (　　　　　) c (　　　　　)

(3) 次のア～ウに該当するものをそれぞれ図の a～c から選べ。
　ア　組織との間で，O_2 と CO_2，栄養分と老廃物の受け渡しをする。(　　)
　イ　血球とよばれる有形成分と液体成分からなる。(　　)
　ウ　組織を巡ってきた体液の一部が吸収された液で，O_2 を運搬する血球を含まない。
(　　)

ヒント 組織液の大部分は毛細血管にもどるが，一部はリンパ管に吸収される。

2 ［血液のはたらき］ 必修

次の文は，ヒトの血液成分とその働きに説明したものである。次の各問いに答えよ。
　a　直径 7.5 μm の無核の細胞で，内部にヘモグロビンを含み酸素を運搬する。
　b　大きさ 2～3 μm の細胞の破片で，血液凝固に関係する。
　c　6～20 μm の不定形の細胞で，異物の処理や免疫などに関係する。
　d　90％は水，約 7％はタンパク質，0.1％はグルコースである。

(1) a～d の該当する血液成分の名称を答えよ。
a (　　　　　) b (　　　　　) c (　　　　　)
d (　　　　　)

(2) a～c の成分が，血液 1 mm³ 中に含まれる数として適当なものを選べ。
　ア　4000～9000 個　　イ　20～40 万個　　ウ　380～530 万個
a (　　　　　) b (　　　　　) c (　　　　　)

ヒント (2) 血球のなかで最も数が多いのは赤血球。

3 ［血液の循環］

ヒトの血液の循環に関する次の文を読んで，あとの各問いに答えよ。

ヒトの循環系は，ₐ酸素を血液に取り入れる循環とᵦ酸素を組織に放出する循環に分かれている。下線部aで取り入れられた酸素は赤血球中の□□□と結合して運搬される。

(1) 文中の空欄に入る適当な用語を答えよ。（　　　）
(2) 文中の下線部a，bをそれぞれ何とよぶか。　a（　　　）b（　　　）
(3) 次の経路は下線部a，bを簡略化したものである。空欄に適当な用語を入れてヒトの血液の循環経路を完成せよ。

　〔下線部a〕①（　　　）→肺動脈→②（　　　）→③（　　　）→左心房
　　　　　　　↑　　　　　　　　c　　　　　　　　　　d　　　　　　↓
　〔下線部b〕右心房←④（　　　）←全身の組織←⑤（　　　）←左心室
　　　　　　　　　　　　　　e　　　　　　　　　　　　f

(4) (3)のc〜fのなかで，酸素を多く含んだ血液が流れるのはどれか。（　　　）
(5) 下線部a，bの血管系とは別に，全身の組織から集まって鎖骨下静脈につながる免疫と関係の深い循環系がある。これを何というか。（　　　）

> **ヒント** 酸素を多く含んだ鮮紅色の血液を動脈血，酸素の少ない暗赤色の血液を静脈血という。肺動脈には静脈血が，肺静脈には動脈血が流れる。

---

4 ［生物の系統と共通性］

右図は，いろいろな酸素濃度，二酸化炭素濃度における，酸素とヘモグロビンとの結合割合を示したものである。次の各問いに答えよ。

(1) 右のようなグラフを何とよぶか。（　　　）
(2) 肺の組織である肺胞の酸素分圧（気圧中で酸素のみが示す圧力）を100mmHg，二酸化炭素分圧を40mmHgとすると，全ヘモグロビンの何％が酸素ヘモグロビンとなるか。（　　　）
(3) 全身の組織の酸素分圧を30mmHg，二酸化炭素分圧を70mmHgとすると，全ヘモグロビンの何％が酸素ヘモグロビンとなるか。（　　　）
(4) 血液が肺と組織を1往復すると，血液中の酸素ヘモグロビンのうち，何％が組織で酸素を解離するか。小数第1位まで答えよ。（　　　）

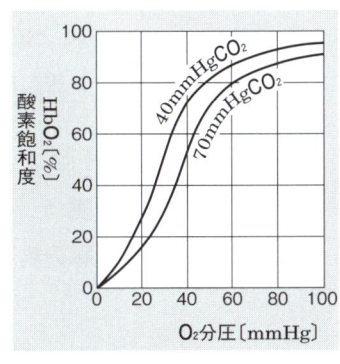

> **ヒント** $\dfrac{\text{肺胞中の酸素ヘモグロビンの割合〔％〕}-\text{組織中の酸素ヘモグロビンの割合〔％〕}}{\text{肺胞中の酸素ヘモグロビンの割合〔％〕}} \times 100$
> の式で，組織で酸素を解離する酸素ヘモグロビンの割合が求められる。

2章 肝臓と腎臓

🗝 3 □ 腎臓の構造

① **腎臓**…血液中の老廃物をろ過して尿をつくる器官。ヒトの腎臓は，腹腔の背中側に1対あり，その人のにぎりこぶし大。

② 腎臓のつくり…**ネフロン**（腎単位）が構成単位（腎臓1個あたり約100万個）。

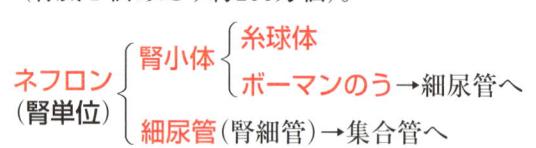

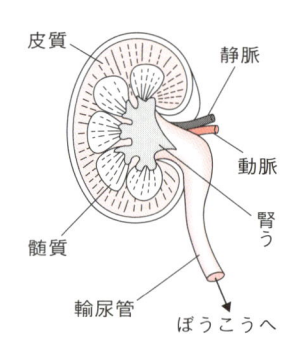

ネフロン（腎単位） ┬ 腎小体 ┬ **糸球体**
　　　　　　　　　│　　　　└ **ボーマンのう** → 細尿管へ
　　　　　　　　　└ **細尿管**（腎細管） → 集合管へ

（図：腎臓の構造 — 皮質，髄質，静脈，動脈，腎う，輸尿管，ぼうこうへ）

🗝 4 □ 腎臓の働きと尿の生成

① **原尿**…血しょう中の成分が糸球体からボーマンのうにろ過されて原尿となる。

　┌ ろ過される…水，グルコース，尿素，無機塩類など
　└ ろ過されない…タンパク質，血球

② **尿**…原尿が細尿管を通過する間に，大部分の水，グルコースの100％，無機塩類が毛細血管に**再吸収**されて（尿素が濃縮），残りが**尿**となる。

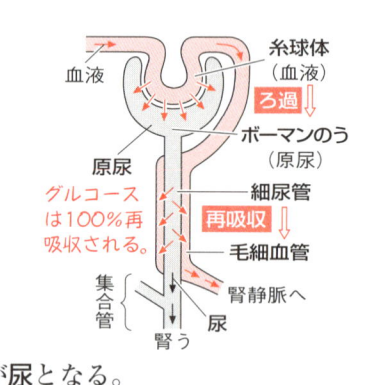

（図：血液→糸球体（血液）→ろ過→ボーマンのう（原尿）→細尿管→再吸収→毛細血管→腎静脈へ，集合管→腎う→尿。グルコースは100％再吸収される。）

🗝 5 □ 肝臓とその構造

① 肝臓は，人体最大の臓器。さまざまな血中の成分を化学反応で処理する。

② 肝臓の構造…多数の**肝細胞**からなる。構成単位は**肝小葉**。

③ 肝小葉の構造
　┌ 外側 ┬ **胆管**…肝細胞でできた胆汁が胆のうに集められる。
　│　　　└ **肝門脈**…小腸などからの血液が肝臓に入る。
　└ 内側 — **中心静脈**…肝臓で処理された血液が心臓へ戻る。

🗝 6 □ 肝臓の働き

① **尿素**の合成（タンパク質やアミノ酸の代謝でできた有害なアンモニアから無毒な尿素を合成）・**解毒**作用

② 栄養分の貯蔵と代謝…血糖（**グルコース**）⇄ 貯蔵（**グリコーゲン**），タンパク質や脂肪の代謝

③ 体温の発生，胆汁の生成，血液の貯蔵と古くなった赤血球の破壊など。

基礎の基礎を固める！

( )に適語を入れよ。 答⇒別冊 p.12

5 腎臓の構造 ⚙3

① **腎臓の構造**…ヒトの腎臓は，腹部の背中側に1対あり，心臓を出た全血液量の約20％が流れ込んでいる。腎臓は，血液中の老廃物をろ過して(❶　　　)をつくる器官である。1つの腎臓は，約100万個の(❷　　　　)が集まってできている。

② **ネフロン**…ネフロンは(❸　　　)ともよばれ，(❹　　　)と(❺　　　)からなる。❹は毛細血管が小球状に集まった(❻　　　)が(❼　　　　)に包まれた構造で，❼は❺へと続く。

③ ❺は集まって**集合管**となり，**腎う**から**輸尿管**へと続く。

6 腎臓のはたらきと尿の形成 ⚙4

① **ろ過**…血液が腎動脈から(❽　　　)に入ると，❽をつくる毛細血管の細胞の隙間から，血しょう中の水や無機塩類，(❾　　　　)，尿素などの小さな分子やイオンが(❿　　　　)にろ過されて(⓫　　　)となる。

② **再吸収**…原尿が細尿管（腎細管）を流れる間に，原尿中の水やイオンの大部分，❾の100％などが，細尿管を取り巻く(⓬　　　　)に再吸収される。再吸収されずに残ったものが**尿**となる。尿は，細尿管から**集合管**→**腎う**→(⓭　　　)→**ぼうこう**と移動して，体外に排出される。

7 肝臓の構造 ⚙5

① 肝臓は(⓮　　　)細胞の集まりである(⓯　　　)が構成単位となってできている。

② 小腸で吸収された栄養分を豊富に含んだ血液は，(⓰　　　)を通って肝臓に入る。

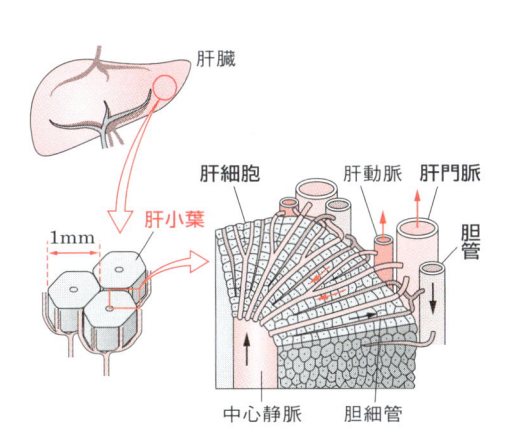

8 肝臓の働き ⚙6

肝臓は体内の化学工場として体内環境の維持に働く。

① タンパク質の代謝で生じるアンモニア NH_3 を(⓱　　　)に合成する。

② 血液中のグルコースを(⓲　　　)に合成して貯蔵する。

③ 体温の発生，胆汁の生成，解毒作用，血液の貯蔵および古くなった(⓳　　　)の破壊などを行う。

2章　肝臓と腎臓

テストによく出る問題を解こう！

答⇒別冊 p.12

5 ［腎臓の構造］ 必修

ヒトの腎臓に関する次の各問いに答えよ。

(1) ヒトの腎臓は，からだのどの部位にあるか。適当なものを選べ。　（　　）
　ア　腹腔の腹側　　イ　腹腔の背側

(2) 右図はヒトの腎臓をつくる単位を模式的に示したものである。この単位を何とよぶか。　（　　　　　　）

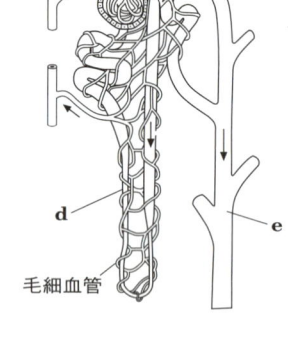

(3) 図中のa～eの各部の名称をそれぞれ下の語群から選べ。
　　a（　　）b（　　）c（　　）
　　d（　　）e（　　）

　ア　糸球体　　イ　集合管　　ウ　輸尿管　　エ　細尿管
　オ　腎小体　　カ　ボーマンのう

(4) 腎臓の働きとして適当なものを下から選び記号で答えよ。　（　　）
　ア　尿素の生成　　イ　尿素のろ過　　ウ　アンモニアの排出

6 ［腎臓のはたらき］

図は腎臓で尿が生成するしくみを示したものである。以下の各問いに答えよ。

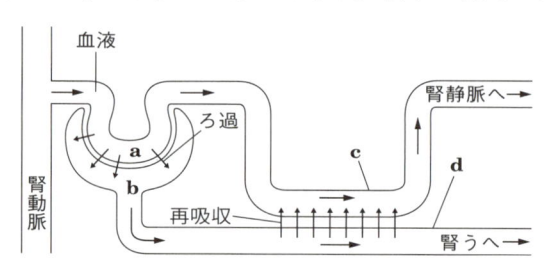

(1) 図中のa～dの各部分の名称をそれぞれ答えよ。
　　a（　　）b（　　）c（　　）d（　　）

(2) 図中のaからbにろ過されるものを次からすべて選び記号で答えよ。
　ア　水　　イ　赤血球　　ウ　タンパク質　　エ　グルコース
　オ　尿素　　カ　Na$^+$　　　　　　　　　　　　　（　　　　）

(3) dからcに大部分またはすべて再吸収されるものは，(2)の語群のどれか。該当するものをすべて選べ。　（　　　　）

(4) (3)での水の再吸収を促進するホルモンは何か。　（　　　　）

　ヒント　(4) 脳下垂体後葉から出るホルモンが細尿管にはたらいて水の再吸収を促進する。

7 [尿の成分]

下の表は，健常者の血しょう，原尿，尿中のいくつかの成分の割合を示している。これについて問いに答えよ。

成　　分	血しょう中濃度〔％〕	原尿中濃度〔％〕	尿中濃度〔％〕
水	90〜93	99	95
A	7.2	0	0
B	0.1	0.1	0
尿素	0.03	0.03	2

(1) 表中の A，B に該当する物質名をそれぞれ答えよ。

　　　　　　　　　　　　　　　　　A (　　　　　　) B (　　　　　　)

(2) A が原尿中に含まれない理由として適当なものを下から選べ。(　　)

　ア　ボーマンのうにろ過されないから　　イ　毛細血管に再吸収されるから

(3) B が尿中に含まれない理由として適当なものを(2)のア，イより選べ。(　　)

(4) 尿素の濃縮率を求めよ。答えは，小数第2位を四捨五入し，小数第1位まで示せ。

　　　　　　　　　　　　　　　　　　　　　　　　　　　　　(　　)

ヒント ある成分の濃縮率は，尿中での濃度を血しょう中のその成分の濃度で割ったもの。

8 [肝臓の働き]

次の文は，肝臓の働きを説明したものである。これについて，あとの各問いに答えよ。

　ヒトの肝臓は，体重の①(　　　　)％以上もある人体最大の臓器である。人体の化学工場として，物質の合成や分解などの②(　　　　)を盛んに行うため，多くの酵素を含んでいる。肝臓では，からだで発生する熱量の24％が生産されるので，③(　　　　)の維持に役立っている。また，肝臓では，小腸で吸収されたグルコースを④(　　　　)として貯蔵する。過剰にグルコースが存在する場合は，これを⑤(　　　　)に合成する。④は，必要に応じて再びグルコースにもどされ，⑥(　　　　)の維持に役立っている。

(1) 文中の空欄に入る適当な語句を下から選び，それぞれ記号を記せ。

　a　1〜2　　　b　3〜5　　　c　代謝　　　　d　グリコーゲン
　e　アミノ酸　f　脂肪　　　g　タンパク質　h　血糖値
　i　浸透圧　　j　体温

(2) 上記以外に，肝臓の働きとして適当なものを下からすべて選べ。(　　)

　ア　胆汁の濃縮　　イ　赤血球の生成　　ウ　尿素の合成　　エ　解毒作用

ヒント 胆汁は肝臓で合成され，胆のうで濃縮されて十二指腸に分泌され，脂肪の消化に働く。

3章 ホルモンと自律神経系

🗝7 □ ホルモンの特性

① **内分泌腺**(右図)でつくられる。
② 血液によって運ばれ，特定の**標的細胞**(ホルモンを受容する細胞)をもつ**標的器官**に作用する。
③ 微量で有効である。
④ 脊椎動物では，種特異性がない。
⑤ 主成分は，**タンパク質**や**ステロイド**などである。

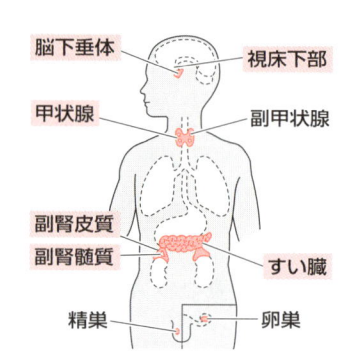

（図：脳下垂体，視床下部，甲状腺，副甲状腺，副腎皮質，副腎髄質，すい臓，精巣，卵巣）

🗝8 □ 内分泌腺とホルモン

内分泌腺			ホルモン	おもな働き
視床下部			放出・抑制ホルモン	脳下垂体前葉ホルモンの分泌を調節
脳下垂体	前葉		成長ホルモン	タンパク質の合成促進，骨・筋肉の成長促進
			甲状腺刺激ホルモン	チロキシンの分泌促進
			副腎皮質刺激ホルモン	糖質コルチコイドの分泌促進
			生殖腺刺激ホルモン	生殖腺の発達促進，性ホルモンの分泌促進
	後葉		バソプレシン	腎臓の集合管での水の**再吸収**の促進
甲状腺			チロキシン	代謝の促進，両生類では成長・変態の促進
副甲状腺			パラトルモン	骨からCa^{2+}の溶出促進→血中Ca^{2+}濃度上昇
すい臓ランゲルハンス島	A細胞		グルカゴン	**グリコーゲンの分解**による血糖値の上昇
	B細胞		インスリン	**グリコーゲンの合成**による血糖値の低下，呼吸による**グルコースの分解**の促進
副腎	皮質		糖質コルチコイド	タンパク質の糖化による血糖値の上昇
			鉱質コルチコイド	腎臓でのNa^+の再吸収促進とK^+の排出促進
	髄質		アドレナリン	**グリコーゲンの分解**による血糖値の上昇

不足すれば増加させる過剰なら減らすように働く

🗝9 □ ホルモンの相互作用(チロキシンの分泌量の調節)

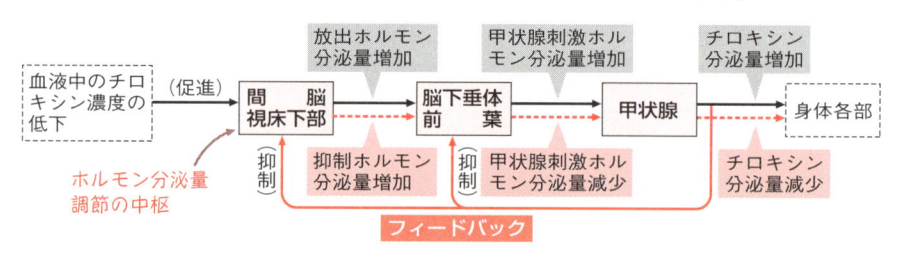

血液中のチロキシン濃度の低下 →(促進)→ 間脳視床下部 →放出ホルモン分泌量増加→ 脳下垂体前葉 →甲状腺刺激ホルモン分泌量増加→ 甲状腺 →チロキシン分泌量増加→ 身体各部

(抑制)← 抑制ホルモン分泌量増加 ← 甲状腺刺激ホルモン分泌量減少 ← チロキシン分泌量減少

ホルモン分泌量調節の中枢

フィードバック

10 自律神経系

① **自律神経系**…**交感神経**と**副交感神経**があり，互いに正反対に働く。

	瞳孔	心臓拍動	気管支	血圧	胃腸運動	排尿	体表血管	立毛筋	発汗	
交感神経	拡大	促進	拡張	上昇	抑制	抑制	収縮	収縮	促進	←興奮時
副交感神経	縮小	抑制	収縮	下降	促進	促進	(分布せず)	(分布せず)	(分布せず)	←安静時

② **伝達物質**…自律神経の末端からは**伝達物質**が分泌され，器官に働く。

{ 交感神経 ➡ **ノルアドレナリン**
{ 副交感神経 ➡ **アセチルコリン**

11 自律神経系

- 健康なヒトの血糖値は，**約0.1%**（100mg／血液100mL）に保たれている。

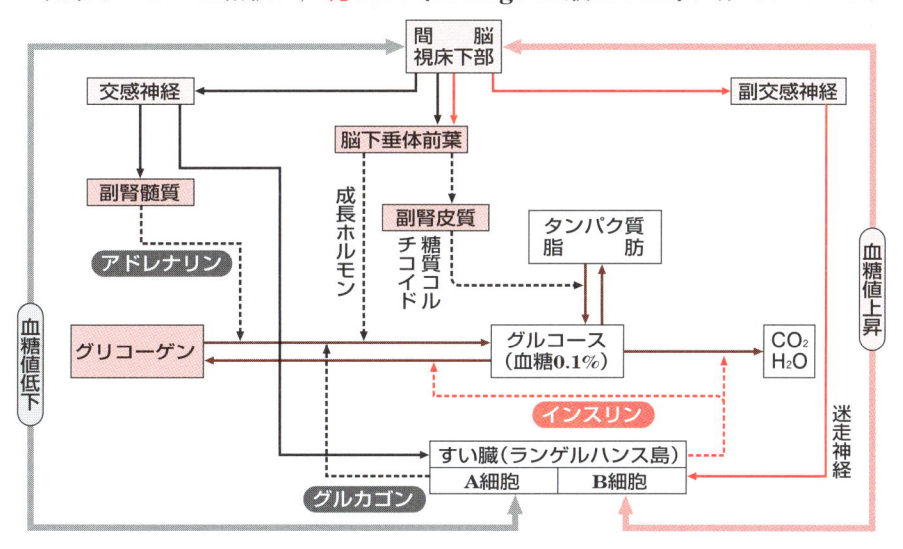

（図：血糖値の調節のしくみ　間脳視床下部─交感神経─副腎髄質─アドレナリン，脳下垂体前葉─成長ホルモン・副腎皮質─糖質コルチコイド，タンパク質・脂肪⇔グルコース（血糖0.1%）⇔グリコーゲン⇔CO_2・H_2O，すい臓（ランゲルハンス島）A細胞─グルカゴン，B細胞─インスリン，副交感神経・迷走神経，血糖値低下／血糖値上昇）

12 体温調節のしくみ

① 寒いときの調節

寒冷刺激 ⇨ **間脳の視床下部** ➡ { 放熱の抑制…立毛筋・皮膚の毛細血管の収縮。
{ 発熱の促進…アドレナリン・糖質コルチコイド・チロキシンによる代謝の促進。

② 暑いときの調節

暑熱刺激 ⇨ **間脳の視床下部** ➡ { 放熱の促進…交感神経の働きで発汗促進。
{ 発熱の抑制…副交感神経の働きで心拍抑制，チロキシンの減少により代謝の抑制。

基礎の基礎を固める！

（　）に適語を入れよ。　答➡別冊 *p.13*

9 ホルモンと内分泌腺　○┓7, 8

① ホルモンは（❶　　　　）でつくられ，（❷　　　　）によって運ばれ，特定の**標的細胞をもつ標的器官**で作用する。

② おもなホルモンの働きと，そのホルモンを分泌する内分泌腺は次のとおり。

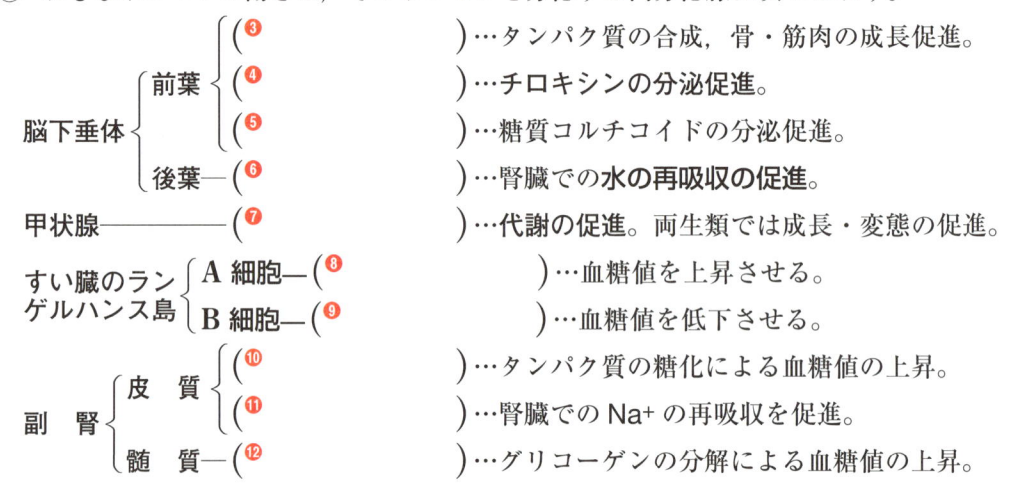

脳下垂体
- 前葉
  - （❸　　　　）…タンパク質の合成，骨・筋肉の成長促進。
  - （❹　　　　）…チロキシンの分泌促進。
  - （❺　　　　）…糖質コルチコイドの分泌促進。
- 後葉 ― （❻　　　　）…腎臓での**水の再吸収**の促進。

甲状腺 ――――（❼　　　　）…代謝の促進。両生類では成長・変態の促進。

すい臓のランゲルハンス島
- A細胞 ―（❽　　　　）…血糖値を上昇させる。
- B細胞 ―（❾　　　　）…血糖値を低下させる。

副腎
- 皮質
  - （❿　　　　）…タンパク質の糖化による血糖値の上昇。
  - （⓫　　　　）…腎臓でのNa$^+$の再吸収を促進。
- 髄質 ―（⓬　　　　）…グリコーゲンの分解による血糖値の上昇。

10 自律神経系　○┓10

① （⓭　　　　）神経は興奮時・緊張時に働き，心拍や呼吸の促進に働く。伝達物質として，（⓮　　　　）を分泌する。

② （⓯　　　　）神経は安静時に働き，心拍を抑制し，胃腸の働きを促進する。伝達物質として，（⓰　　　　）を分泌する。

11 血糖値調節と体温調節　○┓11, 12

① 健康なヒトの血糖値は約（⓱　　　　）％（100mg／血液100mL）で，ホルモンによって調節されている。
- 血糖値上昇に働くホルモン…（⓲　　　　）・（⓳　　　　）・糖質コルチコイド
- 血糖値低下に働くホルモン…（⓴　　　　）

② 寒冷刺激は間脳の（㉑　　　　）にある体温調節中枢で受容され，調節される。
- 放熱の抑制…交感神経の刺激による立毛筋・皮膚の毛細血管の（㉒　　　　）。
- 発熱の促進…アドレナリンや糖質コルチコイドにより血糖値が上昇し，チロキシンの働きで代謝が（㉓　　　　）。

テストによく出る問題を解こう！

答➡別冊 p.13

9 ［ホルモン］

ホルモンについて説明した次の文の空欄に適当な語句を記入して，文章を完成せよ。

ホルモンは，①（　　　　　）とよばれる特定の器官から分泌される。ホルモンは，②（　　　）によって全身に運ばれ，そのホルモンに対する受容体をもつ③（　　　）細胞をもった④（　　　）器官だけに作用する。神経系にくらべて⑤（　　　）的に作用する場合が多い。ホルモンは，アミノ酸，⑥（　　　　），ステロイドなどからできており，⑦（　　　）量で有効であり，脊椎動物の間では⑧（　　　）性がないため，ブタのホルモンでもヒトに効く。

ヒント 多くのホルモンは，タンパク質系（アミノ酸・ペプチド・タンパク質）からなる。

10 ［内分泌腺とホルモン］ 必修

ヒトの内分泌腺とホルモンに関する次の各問いに答えよ。

(1) 図中のa～fの内分泌腺の名称をそれぞれ答えよ。
a（　　　　）
b（　　　　）
c（　　　　）　d（　　　　）
e（　　　　）　f（　　　　）

(2) 次の①～⑧のホルモンは，右図のa～hのどの内分泌腺から分泌されるホルモンか。

① アドレナリン　　　　（　　）
② バソプレシン　　　　（　　）
③ グルカゴン　　　　　（　　）
④ 甲状腺刺激ホルモン　（　　）
⑤ 成長ホルモン　　　　（　　）
⑥ チロキシン　　　　　（　　）
⑦ インスリン　　　　　（　　）
⑧ 糖質コルチコイド　　（　　）

ランゲルハンス島
（A細胞…g
B細胞…h）

(3) 次の文に該当するホルモンの名称を，(2)の①～⑧よりすべて選べ。

ア　肝臓でグリコーゲンを分解して血糖値を上昇させる。　　　（　　　）
イ　代謝を促進し，両生類では変態を促進する。　　　　　　　（　　　）
ウ　腎臓での水の再吸収を促進する。　　　　　　　　　　　　（　　　）
エ　タンパク質の糖化を促進し，血糖値を上昇させる。　　　　（　　　）
オ　タンパク質の合成を促進し，骨や筋肉の成長を促進する。　（　　　）
カ　甲状腺を刺激して甲状腺ホルモンの分泌を促進する。　　　（　　　）

ヒント 脳下垂体については，図の左側がからだの前方を示すことから考える。

11 ［ホルモン分泌の調節］ テスト

次の図は，あるホルモンの分泌量調節のしくみを模式化したものである。これについて，あとの各問いに答えよ。

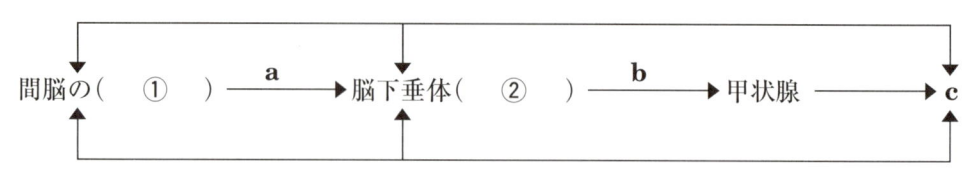

間脳の（ ① ）—a→ 脳下垂体（ ② ）—b→ 甲状腺 ————→ c

(1) 図中の①，②に入る内分泌腺の名称をそれぞれ答えよ。
　　　　　　　　　　　　　　　　　　① (　　　　　　) ② (　　　　　　)

(2) 図中のb，cで分泌されるホルモンの名称をそれぞれ答えよ。
　　　　　　　　　　　　　　　　　　b (　　　　　　) c (　　　　　　)

(3) cのホルモンの分泌量が過剰となった場合にaで分泌されるホルモンの名称を答えよ。また，そのとき，bのホルモンの分泌量はどうなるか。
　　　　aの名称 (　　　　　　) bの分泌量 (　　　　　　)

(4) cのホルモンの分泌量が不足した場合にaで分泌されるホルモンの名称を答えよ。また，そのとき，bのホルモンの分泌量はどうなるか。
　　　　aの名称 (　　　　　　) bの分泌量 (　　　　　　)

(5) 図のようなホルモンの分泌量の調節のしくみを何とよぶか。　(　　　　　　)

ヒント 間脳の視床下部からは，脳下垂体前葉ホルモンの分泌を促進する放出ホルモンと，分泌を抑制する抑制ホルモンが分泌される。

---

12 ［自律神経系］

次のA，Bの自律神経系について，あとの各問いに答えよ。
A…脊髄の胸髄と腰髄から出て，神経節を通って，各器官に分布する。
B…中脳から出る動眼神経，延髄から出る迷走神経・顔面神経，仙髄から出る仙椎神経が各器官に分布する。

(1) A，Bの神経の名称をそれぞれ答えよ。　A (　　　　　) B (　　　　　)

(2) A，Bの神経から分泌される伝達物質の名称を，それぞれ答えよ。
　　　　　　　　　　　　　　　　　　　A (　　　　　) B (　　　　　)

(3) 次の①〜⑨は，A，Bいずれの神経の働きによるか。
　① 瞳孔の拡大　　　　　　　(　　) 　② 心拍の促進と血圧の上昇　(　　)
　③ だ液の分泌促進　　　　　(　　) 　④ 立毛筋の収縮促進　　　　(　　)
　⑤ 気管支の拡張促進　　　　(　　) 　⑥ 体表の血管の収縮を促進　(　　)
　⑦ 呼吸を抑制　　　　　　　(　　)
　⑧ ぼうこうを収縮させて排尿を促進　(　　)
　⑨ 消化管の働きを抑制　　　(　　)

13 ［血糖値調節］ テスト

ヒトの血糖値調節のしくみに関する次の図について，あとの各問いに答えよ。

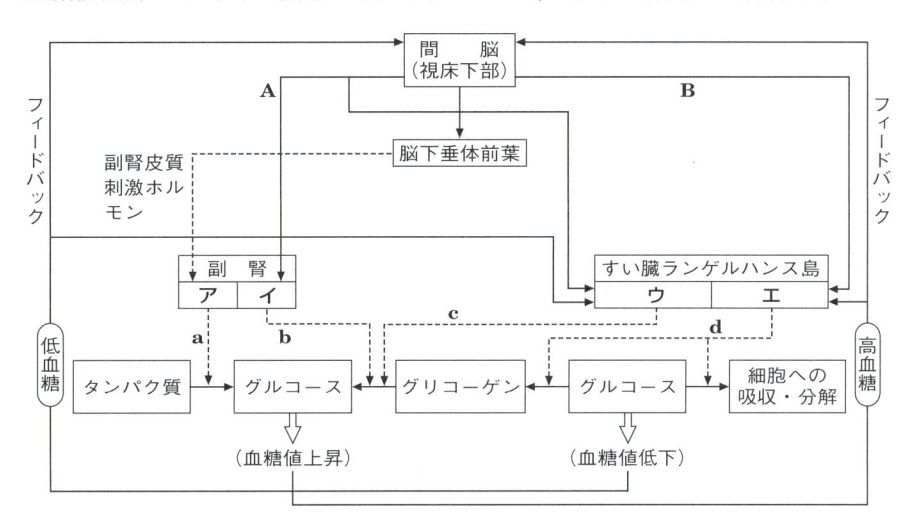

(1) A，Bの神経系の名称をそれぞれ答えよ。
　　　　　　　　　　　　　　　　A（　　　　　　）B（　　　　　　）

(2) ア～エの内分泌腺の名称または細胞の名称をそれぞれ答えよ。
　　　　　　　　　　　ア（　　　　）イ（　　　　　）ウ（　　　　）
　　　　　　　　　　　エ（　　　　）

(3) a～dの血糖値調節に働くホルモンの名称をそれぞれ答えよ
　　　　　　　　　a（　　　　　）b（　　　　　　）c（　　　　　）
　　　　　　　　　d（　　　　　）

(4) 健康なヒトの正常な血糖値は，次のどれか。　　　　　　　　　（　　）
　　① 130 mg／100mL　　② 70 mg／100mL　　③ 100 mg／100mL

(5) 右のグラフは，健常者と糖尿病患者の食後のあるホルモンの分泌量を示したものである。健常者のものはX，Yのどちらか。　　　　　　　　　　　　（　　）

(6) (5)の下線部のあるホルモンとは何か。
　　　　　　　　　　　　　　（　　　　　　）

ヒント 血糖値が130 mg／100 mL以上になればそれを下げるしくみが働き，70 mg／100 mL以下になれば上げるしくみが働く。

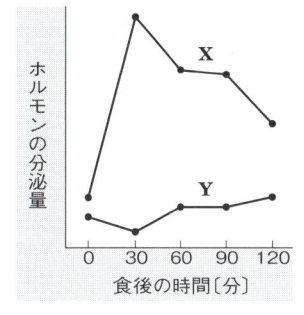

4章 免疫

⚿ 13 □ 生体防御

① **血液凝固**…出血すると，血液は次のしくみで凝固する。

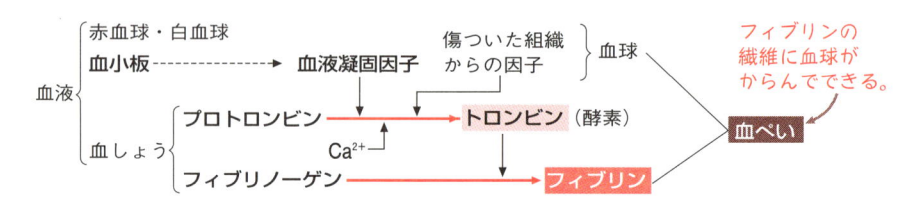

```
         ┌ 赤血球・白血球
         │ 血小板 ┄┄┄┄┄→ 血液凝固因子 ← 傷ついた組織    ┌ 血球
血液 ┤                          ↓     からの因子       │        フィブリンの
         │        ┌ プロトロンビン ―→ トロンビン (酵素)         │ 血ぺい ← 繊維に血球が
         └ 血しょう│          Ca²⁺                              │        からんでできる。
                  └ フィブリノーゲン ――――――→ フィブリン
```

② 免疫 ┬ **自然免疫**…生まれながら備わっている異物排除のしくみ。
　　　　　　　　　　　白血球による食作用など。無脊椎動物にもある。
　　　　└ **獲得免疫**…生後獲得する，病原体などの異物を排除するしくみ。
　　　　　　　　　　　体液性免疫と**細胞性免疫**に分けられる。

⚿ 14 □ 免疫のしくみ

① **体液性免疫**…**B細胞**から分化した**抗体産生細胞**によって血液中に**抗体**が放出され，その抗体と**抗原**が結合する**抗原抗体反応**によって無毒化し，排除する。

[図：抗原 → 樹状細胞やマクロファージによる抗原提示 → T細胞（リンパ球） → B細胞（リンパ球） → 分化 → 抗体産生細胞（形質細胞）・記憶細胞 → 抗体 → 抗原抗体反応 → 排出]

> 抗体が働くのが体液性免疫，細胞が細胞を攻撃するのが細胞性免疫

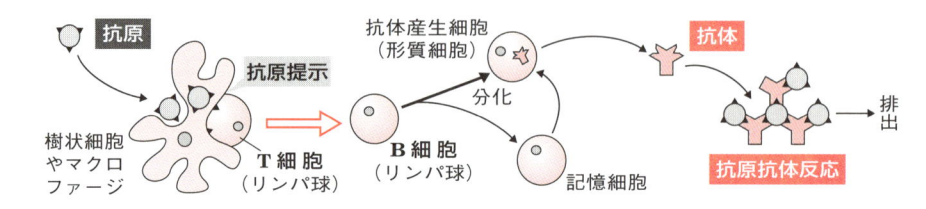

② **細胞性免疫**…**キラーT細胞**が直接がん細胞や移植細胞などを攻撃する。

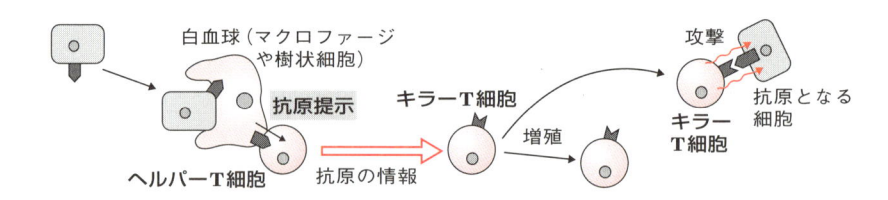

[図：白血球（マクロファージや樹状細胞）による抗原提示 → ヘルパーT細胞 → 抗原の情報 → キラーT細胞 → 増殖 → キラーT細胞が抗原となる細胞を攻撃]

⚿ 15 □ 免疫の応用と免疫の異常反応

① **予防接種**…無毒化または弱毒化した病原体（**ワクチン**）を接種して**免疫記憶**による抗体産生能力を人工的に高める。　例 インフルエンザの予防接種

② **血清療法**…他の動物につくらせた抗体を患者に注射。

③ **アレルギー**…本来無害なものを抗原とする過敏な免疫反応。　例 花粉症

基礎の基礎を固める！

( )に適語を入れよ。　答→別冊 p.14

12 生体防御と血液凝固　⌘ 13

① **血液凝固**…血管が破れて出血すると，(❶　　　　　)から**血液凝固因子**が出て，血液中の Ca^{2+} とともに働いて，血しょう中に含まれる酵素の前駆体の**プロトロンビン**を酵素である(❷　　　　　)に変化させる。❷は血しょう中に溶けているタンパク質の1つのフィブリノーゲンを繊維状の(❸　　　　　)に変化させる。❸の繊維に血球が絡め取られて(❹　　　　　)ができ，これが傷口をふさいで出血を止める。

② **免疫の種類**…(❺　　　　　)は生まれながら備わっている免疫で(❻　　　　　)の一種の**マクロファージ**や**好中球**による(❼　　　　　)**作用**などがある。これに対して，(❽　　　　　)は以前に侵入してきた異物に対して特異的に素早く排除できるしくみで鳥類や哺乳類で発達している。❽には(❾　　　　　)と**細胞性免疫**がある。

13 体液性免疫のしくみ　⌘ 14

① 獲得免疫を引き起こす細菌やウイルスなどの病原体(異物)を(❿　　　　　)という。❿が体内に侵入すると，(⓫　　　　　)**細胞**などの**食細胞**が捕食して**食作用**によって異物を分解し，その一部を細胞表面に出す。これを(⓬　　　　　)という。

② リンパ球の一種の(⓭　　　　　)は提示された抗原を認識する。⓭は，別のリンパ球である(⓮　　　　　)を活性化して増殖と(⓯　　　　　)**細胞**への分化を促す。

③ **抗体産生細胞**(形質細胞)は，**免疫グロブリン**というタンパク質からなる(⓰　　　　　)をつくって血しょう中に放出する。⓰は特定の抗原に特異的に結合して抗原を凝集する。これを(⓱　　　　　)**反応**といい，その後マクロファージなどが食作用によって処理する。

④ B細胞の一部は(⓲　　　　　)となり，同じ抗原がふたたび侵入するとすみやかに増殖・抗体産生細胞に分化する。これを(⓳　　　　　)という。

14 細胞性免疫のしくみ　⌘ 14

T細胞が抗原提示を受けると，提示された抗原に対応する(⓴　　　　　)の増殖も促進する。この細胞は，ウイルスに感染した細胞やがん細胞などを直接攻撃して破壊する。これを(㉑　　　　　)という。臓器移植を行ったときの(㉒　　　　　)もこの免疫によって起こる。

4章 免疫　53

テストによく出る問題を解こう！

答⇒別冊 p.14

14 [血液凝固]

右図は，血液凝固のしくみを示したものである。図中の①〜④に入る適当な物質名を記せ。

① (　　　　　) ② (　　　　　)
③ (　　　　　) ④ (　　　　　)

```
              プロトロンビン
血小板→ ① → ↓ ← ② イオン
              ③
                      血球
フィブリノーゲン→ ④ →血ぺい
```

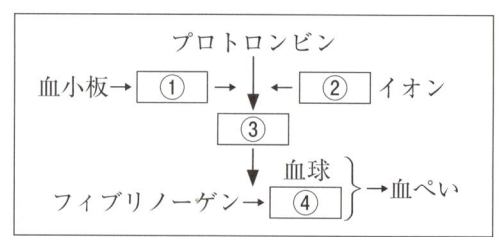

ヒント プロトロンビンの「プロ」は物質名の前につけてその前駆体であることを示す前置詞，フィブリノーゲンの「ゲン」は物質名の後につけてそのもとになる物質であることを示す接尾語。

15 [体液性免疫] 必修

図は，体液性免疫のしくみを示したものである。次の各問いに答えよ。

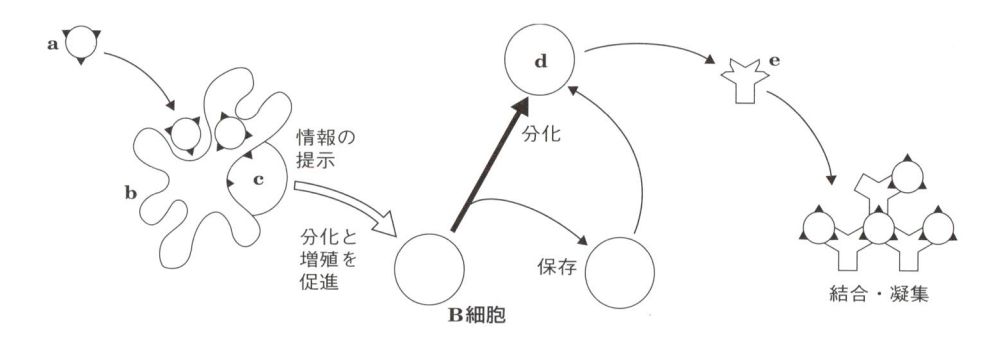

(1) 図中のaは細菌やウイルスなどの免疫反応を引き起こす異物である。このような異物を特に何とよぶか。(　　　　　)

(2) 次の細胞の名称をそれぞれ答えよ。
　① aを捕食してその情報を提示するbにあたる細胞。ただしマクロファージ以外で答えること。(　　　　　)
　② 情報の提示を受けてB細胞の増殖と分化を促す細胞c。(　　　　　)
　③ B細胞が変化し，物質eをつくる細胞d。(　　　　　)

(3) 細胞dがつくった物質eを何というか。(　　　　　)

(4) 1つの細胞dがつくる物質eは1種類のaとのみ結合して無毒化する。この特異的な反応を何とよぶか。(　　　　　)

(5) 細胞cから刺激を受けてもB細胞の一部は細胞dに分化せず次に同じaが体内に侵入したときまで保存される。このしくみを何というか。(　　　　　)

16 ［細胞性免疫］

右図は，細胞性免疫のしくみを示したものである。次の各問いに答えよ。

(1) このように抗原を識別して同じ抗原に対応する免疫細胞を増殖させる生体防御のしくみを，自然免疫に対して何というか。（　　　　　）

(2) 図中 a の抗原となる細胞に該当するものを下からすべて選べ。
（　　）

　ア　がん細胞
　イ　ウイルスに感染した細胞
　ウ　赤血球

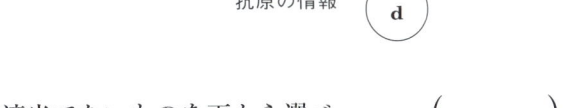

(3) a の情報を c に伝える細胞 b として適当でないものを下から選べ。（　　　）
　ア　マクロファージ　　イ　樹状細胞　　ウ　好中球

(4) 細胞 c，d はいずれもリンパ球の一種であるが，それぞれ何とよばれるか。
　c（　　　　　　）　d（　　　　　　）

(5) 事故や病気の治療で他人の臓器を移植した際にも，このようなしくみが働き，免疫の働きを抑制する処置をしないと移植した組織が攻撃を受け脱落したりする。このような反応を何というか。（　　　　　　　）

ヒント T細胞には，抗原の情報をB細胞やキラーT細胞に伝えるヘルパーT細胞と，実際に，がん細胞などを攻撃するキラーT細胞がある。

17 ［免疫反応の応用と異常反応］

獲得免疫の応用と過敏な免疫反応に関する次の各問いに答えよ。

(1) 感染予防のため，弱毒化した病原体や毒素を接種して，あらかじめ病原体の情報を記憶させておく方法を何療法とよぶか。（　　　　　　）

(2) あらかじめ毒素を他の動物に注射してこれに対する抗体をつくらせておき，その抗体を患者に注射して治す治療法を何とよぶか。（　　　　　　）

(3) 本来無害なものに対して，免疫反応が過敏に起こり，じんましんやぜんそく，くしゃみなどの症状が現れることを何というか。（　　　　　　）

(4) (3)を引き起こす抗原になりうる物質の例を1つ示せ。（　　　　　　）

ヒント (3)(4) スギやヒノキの花粉も抗原として認識される場合がある。

入試問題にチャレンジ！

答➡別冊 *p.15*

1 体液に関する下の文の空欄に適当な語句を記せ。

ヒトのからだを構成する細胞は，血液，リンパ液，組織液などの体液に囲まれている。体液は細胞にとって①[　　]環境とよばれている。②[　　]環境が変化しても，体液などによって，細胞の環境は一定に維持されている。

正常なヒトの血液の成分は全血液容量のうち，有形成分が約45％，液体成分が約55％より構成される。有形成分はそれぞれ，約20万〜30万個／mm³の③[　　]，約5000〜8000個／mm³の④[　　]，約450万から500万個／mm³の⑤[　　]より構成される。液体成分は血しょうである。血しょうは水が約90％，タンパク質が約7％であり，無機塩類，脂質などの成分で構成される。

（東京農工大）

2 ヒトのからだの中の酸素に運搬に関する次の各問いに答えよ。

ヒトの血液は，血しょうとよばれる液体成分と，有形成分からなり，免疫反応や食作用に関係する①[　　]，血液凝固に関係する②[　　]，そしてヘモグロビンを含む③[　　]などが主である。③[　　]に含まれるヘモグロビンと結合した酸素は，体の各部に運ばれる。酸素と結合したヘモグロビン（酸素ヘモグロビン）のヘモグロビン総量中の割合は酸素濃度によって変化するだけでなく，二酸化炭素によっても影響を受ける。すなわち，二酸化炭素濃度が④[　　]い肺胞では，ほとんどのヘモグロビンが酸素と結合して酸素ヘモグロビンとなるのに対して，二酸化炭素濃度の⑤[　　]い組織では，ヘモグロビンから酸素が解離され，酸素ヘモグロビンの割合が低下する。

(1) 文中の空欄①〜⑤に適当な語句を答えよ。

(2) 右図中の曲線は，ヒトの酸素ヘモグロビンの割合と酸素分圧の関係を示した酸素解離曲線である。ヒトの肺における動脈血の酸素分圧は100mmHg，二酸化炭素分圧は40mmHgであり，ある組織Sでの静脈血の酸素分圧は40mmHg，二酸化炭素分圧は55mmHgであったとする。次の各問いに答えよ。

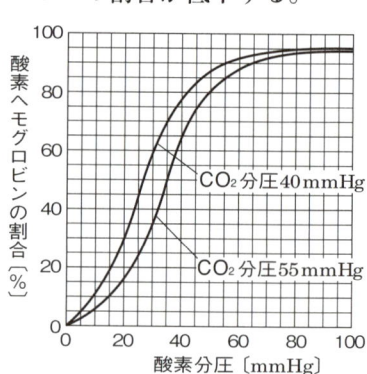

a 肺における動脈血での酸素ヘモグロビンの割合は何％か。
b ある組織Sにおける静脈血での酸素ヘモグロビンの割合は何％か。
c 肺静脈中の酸素ヘモグロビンの何％が酸素を組織で放出しているか。

（島根大 改）

3 ヒトの腎臓の働きに関する次の文を読んで各問いに答えよ。

　ヒトの腎臓に入った動脈が，毛細血管となって①□□□をつくり，ア ここで血液がろ過され，血液中の多くの成分が②□□□にこし出されて原尿となる。この原尿は③□□□に送られ，この周囲にある毛細血管にグルコース，無機塩類などの有用な成分が④□□□される。残りの成分は⑤□□□へ送られ，イ 老廃物が濃縮されて尿となる。尿は⑥□□□と⑦□□□を経て⑧□□□にためられたのち，体外に排出される。

(1) ①〜⑧にあてはまる適当な語句を答えよ。
(2) ①と②からなる部分の名称を答えよ。
(3) ①，②，③から構成される構造の名称を答えよ。また，この構造はヒトの腎臓1個あたり約何個あるか答えよ。
(4) 下線部アで，ろ過されない成分を1つ答えよ。
(5) 下線部イの老廃物中，尿中に最も多く含まれる成分は何か。

(愛知教育大)

4 ヒトのホルモンに関する次の文を読んで，下の各問いに答えよ。

　内分泌腺でつくられ，血液によって運ばれ，微量で特定の組織や器官の働きを調節する物質をホルモンという。特定のホルモンは特定の細胞だけに作用する。このような細胞をそのホルモンの①□□□といい，その細胞の働きを促進したり抑止したりする。ホルモンがどのように働くかを示す一例として血糖量の調節作用があげられる。糖質を多量に食べると血糖量(血液中のグルコース量)が一時的に増加する。これを②□□□が感知し，③□□□神経を介して，ホルモンの一種であるア インスリンの分泌が促され，血糖量が減少して平常値を示すようになる。一方，血糖量の減少も②□□□で感知され，④□□□神経が興奮して，イ 血糖量上昇ホルモンの分泌を促すと同時に，インスリンの分泌は抑制され，血糖量が増加する。このように，ある働きを調節するために，その働きの結果(生産物の量や効果の程度)が前の段階に戻されることを⑤□□□といい，多くのこのようなしくみによって生体内の⑥□□□が保たれている。

(1) ①〜⑥の空欄に当てはまる言葉を下の語群から選び記号で答えよ。

　A　フィードバック　　B　視床下部　　C　閾値　　D　ホメオスタシス
　E　交感　　F　副交感　　G　脳下垂体　　H　標的細胞　　I　塩類細胞

(2) 下線部アの血糖量減少のしくみとして適当なものを下から選べ。
　a　肝臓でグリコーゲンの合成促進，呼吸によるグルコースの分解
　b　肝臓でグルコースを消費し，腎臓ではグルコースを排出する。

(3) 下線部イに関して，血糖量を増やす作用をもつ以下の①〜④のホルモンを分泌する内分泌腺をそれぞれ答えよ。
　①　アドレナリン　　②　グルカゴン　　③　糖質コルチコイド　　④　成長ホルモン

(東京女子大 改)

3編 生物の多様性と生態系

1章 植生と光

1 植生とその種類

① 植生…一定地域に生育する植物全体の集まり。

② 相観…植生全体の外観。優占種（最も高く，最も広い面積を被う植物）の生活形（形態と生活様式）によって決まる。

③ 植生の種類…植生は相観によって次の3つに分けられる。環境要因のうちおもに気温と降水量により決まる。（くわしくは→p.66）

- 森林…木本植物が優占。年降水量の多い地域で発達。
- 草原…草本植物からなる。年降水量の少ない地域。
- 荒原…高山や極地，極端に乾燥した砂漠。草本植物・多肉植物などがまばらに生育。

2 森林の構造

光要求度の違いによるすみわけで，右図のような階層構造が発達する。森林の最上部を林冠，地表面付近を林床という。

温帯の森林では地下に土壌が発達。

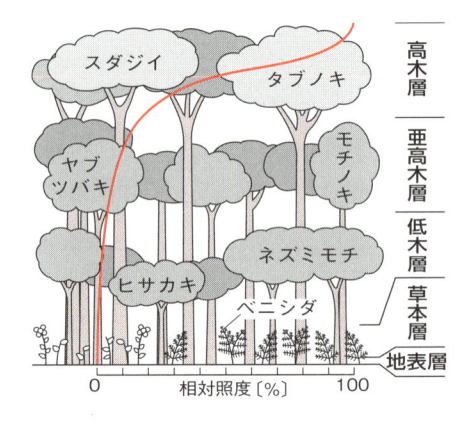

3 光合成と光の強さ

① 光-光合成曲線（右図）

光合成速度＝見かけの光合成速度＋呼吸速度

② 陽生植物…光飽和点・光補償点とも高。強光下で生育速度が早い。 例 アカマツ

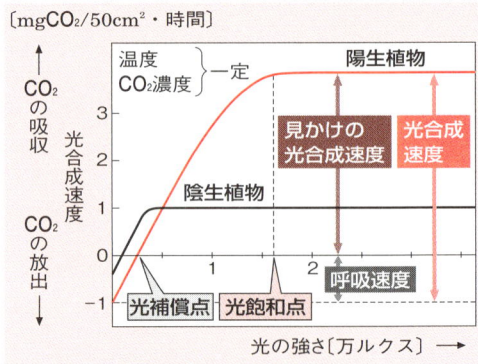

③ 陰生植物…光飽和点・光補償点ともに低い。暗い林床などでも生育。 例 シイの幼木，ヤツデ

④ 水中植物と光…水深が増すにつれて光量は減少。光合成量≧呼吸量となる深さを生産層といい，生産層の下限の水深を補償深度という。

基礎の基礎を固める！

（　）に適語を入れよ。　答➡別冊 p.16

1 植生とその種類

① 一定地域に生育する植物の集まりを（❶　　　）という。❶はその全体の外観である（❷　　　）によって（❸　　　）・草原・荒原の3つに大別される。
② 植生の相観は，その地域における（❹　　　）の（❺　　　）によって分類され，おもに**気温**と**降水量**などの気候条件により決まる。
③ **森林**…年（❻　　　）の多い地域で発達。
④ （❼　　　）…年降水量の少ない地域で発達。
⑤ **荒原**…サボテンなど厳しい環境に適応した植物がまばらに生育。寒冷な高山や極地，極端に乾燥した（❽　　　）で成立。

2 森林の構造

森林では，高さの異なる植物が（❾　　　）構造をつくってすみ分けている。この構造は，温帯ではおもに上から順に，**高木層**→（❿　　　）→**低木層**→（⓫　　　）→**地表層**となっており，熱帯では階層が多く，寒帯では少ない傾向がある。森林の最上部で葉が連なっているところを（⓬　　　），地表付近を（⓭　　　）という。

温帯の森林では，（⓮　　　）が地下に発達。岩石が風化してできた土や砂に生物由来の有機物が加わって生じた**腐植層**は保水性と通気性をもち植物の生育に適する。

3 植物の成長と光

① （⓯　　　）と光合成速度の関係を示した曲線を**光－光合成曲線**といい，右図のようになる。
② 光合成速度と呼吸速度が同じになる光の強さを（⓰　　　）といい，光合成速度が最大になりこれ以上光が強くなっても光合成速度が変化しない光の強さを（⓱　　　）という。
③ **陽生植物と陰生植物**…強光下で生育速度が速い植物を（⓴　　　）といい，光飽和点・光補償点はいずれも（㉑　　　）い。逆に，光補償点が（㉒　　　）く弱光下でも生育できる植物を（㉓　　　）という。

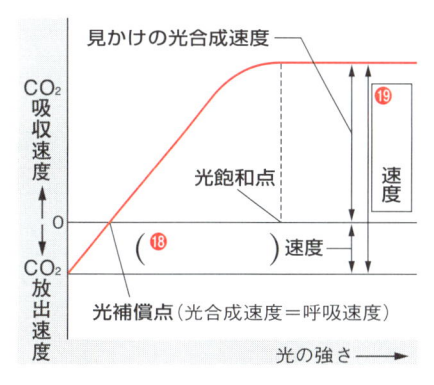

テストによく出る問題を解こう！

答➡別冊 p.16

1 [植生]

下の文を読んで，植生と生態系に関する次の各問いに答えよ。

　生物を取り巻く環境のうち，ₐ光・温度・水・大気・土壌などは，生物の生活に影響を与える要素である。移動能力のない植物は，ふつう，動物よりもこれらの要素の影響を受けやすく，ᵦ環境に適応した形態や生活様式で生育している。この特徴はその地域の気候を反映し，構成種が異なる植物の集団を分類したりまとめる基準となるため，系統的分類とは別に植物の分類に用いられる。

(1) 一定地域に生育する植物の全体をまとめて何というか。　（　　　　）
(2) (1)の外観を何というか。　（　　　　）
(3) 下線部 a の要素のなかで，特に(2)に影響を与えやすい要素を 2 つ選べ。
　　　　　　　　　　　　　　　　　　　　　　　　（　　　　）（　　　　）
(4) 下線部 b の植物の形態や生活様式を何とよぶか。　（　　　　）

2 [植生の種類]

次のような特徴の植生を何とよぶか。下のア～ウから適当なものを選べ。

(1) イネ科の草本植物が主となる植生で，年降水量の少ない地域に発達する。
　　　　　　　　　　　　　　　　　　　　　　　　　　　　（　　　　）
(2) 極端に低温の場所や，極端に乾燥する地域で，その環境に適応した植生が見られる。
　　　　　　　　　　　　　　　　　　　　　　　　　　　　（　　　　）
(3) 樹木を主体とする植生で，年間降水量の多い地域に発達する。　（　　　　）

　ア　森林　　　イ　荒原　　　ウ　草原

3 [森林の構造] 必修

右図は森林の構造を示したものである。

(1) 森林に見られる右図のような構造を何というか。　（　　　　）
(2) a～d の各層を何とよぶか。
　　a（　　　　）　b（　　　　）
　　c（　　　　）　d（　　　　）
(3) 次のうち d 層に代表的な植物はどれか。
　　ヤブツバキ　ベニシダ　ヒサカキ　スダジイ
　　　　　　　　　　　（　　　　）

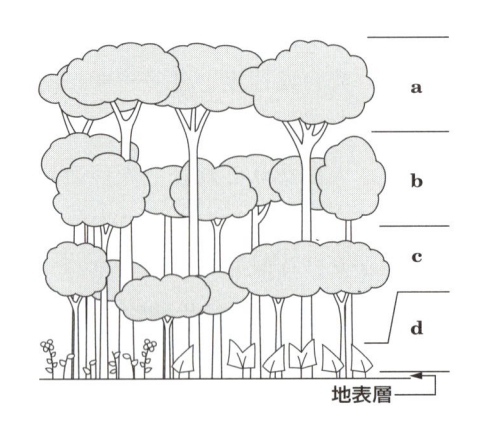

4 ［光の強さと光合成速度］ テスト

下の図は，光の強さと光合成速度との関係を示したグラフである。次の各問いに答えよ。

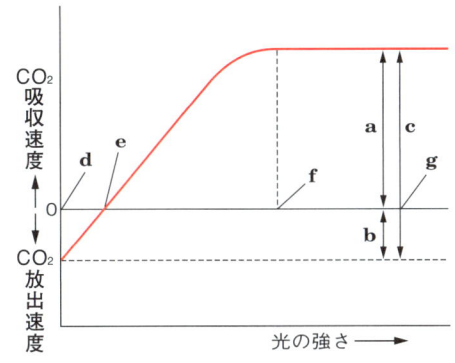

(1) このようなグラフを何というか。　　　　　　　　　　（　　　　　　　　　　）

(2) 図中の a〜c は，それぞれ何の速度を示したものか。
　　　　　　　　a（　　　　　　　）b（　　　　　　　）c（　　　　　　　）

(3) 図中の e, f の光の強さを何とよぶか。
　　　　　　　　　　　　　　　　　　e（　　　　　　　）f（　　　　　　　）

(4) 光合成速度が呼吸速度と等しくなるのは，d〜g のどの光の強さか。　（　　　）

ヒント 光合成速度＝見かけの光合成速度＋呼吸速度である。

5 ［光の強さと植物］ テスト

右図は，2つのタイプの植物の光の強さと光合成量との関係について示したものである。下の各問いに答えよ。

(1) 図中の①，②のグラフを示す植物をそれぞれ何とよぶか。
　　　　　　　①（　　　　　　）
　　　　　　　②（　　　　　　）

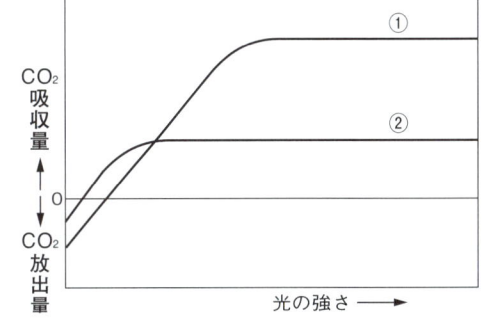

(2) 下の植物を，①，②の植物のタイプに分けよ。
　　　　　　　①（　　　　　　）
　　　　　　　②（　　　　　　）

　ア　アカマツ　　イ　シイの幼木　　ウ　カシの成木　　エ　ススキ
　オ　アオキ

(3) 明所で成長が速いのは①，②のどちらのタイプか。　　　　　　　（　　　）

ヒント ススキやアカマツはひらけた場所に比較的早く進入して生育する先駆植物，先駆樹種。アオキは日陰に適して生育する低木。

2章 植生の遷移

◎ 4 □ 遷移とその種類

① **乾性遷移**…陸上の**裸地**から始まる遷移。
　　一次遷移…溶岩や大規模な土砂崩れ跡など，**土壌のない状態**から始まる。
　　二次遷移…山火事跡や耕作放棄地など，土壌や埋没種子・地下茎などの残った状態から。
② **湿性遷移**…湖沼から始まる遷移で，堆積が進み陸地化していく。

◎ 5 □ 一次遷移

① 遷移の順序…裸地→草原→低木→陽樹林→混交林→陰樹林(**極相**)
② 裸地→草原…岩石が風化し，強光・乾燥に耐えられるイタドリやススキ(または地衣類やコケ)などの**先駆種**が進入し，やがて**草原**となる。
③ 低木林→陽樹林…土壌が発達し，アカマツ・ヤシャブシ・ハンノキなど陽生の樹木(**陽樹**)が進入し**先駆樹種**となる。
④ 混交林…発達した陽樹林の林床は暗いため陽樹の幼木は育たないが，カシなどの**陰樹**の幼木は生育し，やがて陽樹と陰樹の混じった混交林となる。
⑤ 陰樹林…混交林は陰樹が優占する陰樹林となり，安定して長く続く(**極相**)。
⑥ 極相林でも実際には倒木などで地表まで光の届く場所(**ギャップ**)ができ，パッチ状に陽樹林が生じ，遷移がくり返される。

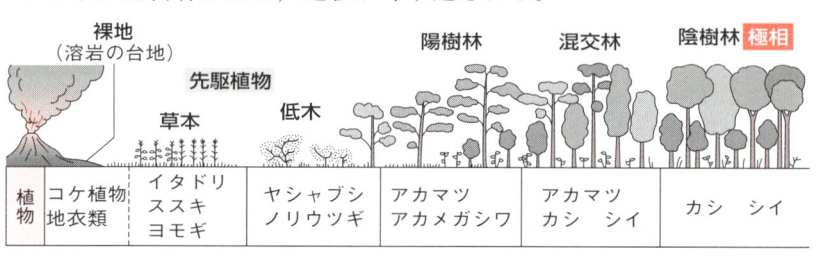

> 強光・乾燥に強い植物がまず進入し，暗くても成長できる種に遷移していく

◎ 6 □ 二次遷移・湿性遷移

① 二次遷移の順序…山火事跡など→陽樹林→混交林→陰樹林(極相)
② 二次遷移の特徴…土壌があり，その中に**埋没種子**や**地下茎**が埋まっているため，比較的短時間で遷移が進む。
③ **湿性遷移**…貧栄養湖の**富栄養化**から始まり，土砂の堆積によって湿原を経て草原となる。
④ 湿性遷移の順序…貧栄養湖→富栄養湖→湿原→草原→(以下一次遷移と同)
⑤ 湿性遷移の特徴…貧栄養湖が陸化して草原になるまでに長い年月を必要とする。

基礎の基礎を固める！

( )に適語を入れよ。　答➡別冊 p.16

4　遷移の種類　⚙4

植生が，時間とともに変化していく現象を（❶　　　　　）といい，陸地の裸地から始まる（❷　　　　　）と，湖沼などが陸地化することから始まる（❸　　　　　）に分けられる。❷は，火山噴火跡の溶岩上や大規模な土砂崩れ跡など，土壌のないところから始まる（❹　　　　　）と，山火事跡などから始まる（❺　　　　　）に分けられる。

5　遷移のしくみ　⚙5, 6

① **一次遷移**は（❻　　　　　）から始まる遷移である。火山の溶岩流の跡地などの岩石が（❼　　　　　）するとともに，強光や乾燥などの厳しい環境に耐えられる**イタドリ**や**ススキ**などの（❽　　　　　）（**パイオニア植物**）がパッチ状に進入して，やがて，これが広がってススキなどの（❾　　　　　）を形成するようになる。場所によっては**地衣類**や**コケ植物**が❽となることもある。

② 先駆植物の進入とともに土壌が形成され始め，木本の**ヤシャブシ・ハンノキ・アカマツ**などの（❿　　　　　）の低木が進入して（⓫　　　　　）を形成するようになる。やがて低木が成長して，**アカマツ**などの（⓬　　　　　）となる。

③ 陽樹林の林床は暗いため，耐陰性の低い（⓭　　　　　）の幼木は生育できない。しかし，（⓮　　　　　）が低くて耐陰性の高い（⓯　　　　　）の幼木は生育できるので，やがて⓯の幼木が成長すると，陽樹と陰樹の混じった**混交林**となる。

④ 混交林の中の（⓰　　　　　）は，やがて寿命がつきて消滅する。すると，陰樹だけからなる**陰樹林**となる。陰樹の幼木は，耐陰性が高く，暗い陰樹林の林床でも生育できる。そのため陰樹林は世代を交代しながら安定して長く続くので，これを（⓱　　　　　）に達したといい，この陰樹林を（⓲　　　　　）林という。

⑤ **二次遷移**…極相に達した陰樹林が山火事や大規模な伐採などによって消失した跡地から始まる。ここではすでに発達した（⓳　　　　　）があり，その中に埋没（⓴　　　　　）や地下茎があるため，比較的（㉑　　　　　）期間で遷移が進む。

6　湿性遷移　⚙6

湿性遷移は，貧栄養湖に河川から栄養塩類が流入して（㉒　　　　　）となることから始まる。やがて河川からの土砂の流入によって水深が浅くなって（㉓　　　　　）となる。するとアシなどの植物が進入して陸化が進み（㉔　　　　　）となる。その後は一次遷移と同じように遷移が進む。貧栄養湖から草原に遷移するまでに長い年月を要する。

テストによく出る問題を解こう！

答➡別冊 p.17

6 [一次遷移のしくみ] 必修

下図は，一次遷移の過程を示した模式図である。次の各問いに答えよ。

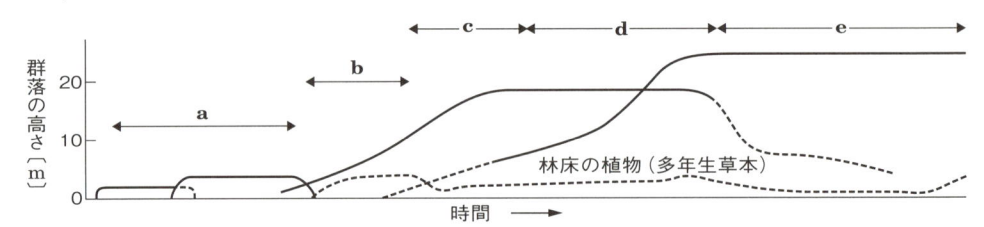

(1) 図中のa～eに適当な語句を，下の語群から選べ。

a (　　) b (　　) c (　　) d (　　) e (　　)

ア 混交林　　イ 陰樹林　　ウ 陽樹林　　エ 草本　　オ 低木

(2) 図中のa, c, eの植物として適当なものを下の植物名から選べ。

a (　　) c (　　) e (　　)

ア イタドリ・ススキ　　イ シイ・カシ　　ウ アカマツ

(3) cからeに遷移する理由として最も適当な文を下から選べ。（　　）

ア 陰樹の幼木は陽樹よりも生育が早いため。

イ 陰樹の幼木は，暗い林床でも生育できるため。

ウ 陰樹は陽樹よりも寿命が長いため。

ヒント 陰樹の種子は大きく，養分を多く蓄えた重力散布型の種子で，その芽生えは暗い林床でも生育できる。

7 [湿性遷移のしくみ]

下に湿性遷移の順序を示す。これについてあとの各問いに答えよ。

貧栄養湖→a→富栄養湖→b→湿原→c→草原→低木→陽樹林→混交林→陰樹林

(1) 上記のaが進む理由として最も適当なものを下から選べ。（　　）

　　ア 栄養塩類の流入　　イ 土砂の流入

　　ウ 抽水植物の繁殖　　エ 鳥による種子の搬入

(2) 図中のbが進む理由として最も適当なものを(1)の選択肢から選べ。（　　）

(3) 図中のcが進む理由として最も適当なものを(1)の選択肢から選べ。（　　）

8 [植物群落の遷移] 必修

植生の遷移に関する次の各問いに答えよ。

伊豆諸島の三宅島で，大規模な溶岩流によってできた裸地から始まる植生の遷移を示すと，おおよそ次のようになった。

裸地 ── ① A ── ②低木林 ── ③常緑・落葉混交林 ── ④ B

(1) 文中の下線部のような植生の遷移を何というか。（　　　　　）

(2) 上の A，B に適当な用語を入れよ。　A（　　　　　）B（　　　　　）

(3) 次のア～エの植物は，それぞれ上の①～④のどれで最もよく見られるか。
　ア　オオシマザクラ　　　イ　ハチジョウイタドリ　　ウ　タブノキ
　エ　オオバヤシャブシ
　　　　　　　　　　ア（　）イ（　）ウ（　）エ（　）

(4) 裸地にはじめに進入するような強い光を好む植物を，ふつう，何というか。
（　　　　　）

(5) 一般的に見られる(1)では，上の植生の遷移の②と③の間にどのような森林が形成されることが多いか。（　　　　　）

(6) 上の植生の遷移で④は安定して長く続くことが多い。そのような状態を何というか。また，そのような森林を何というか。
　　　　　　状態（　　　　　）　森林（　　　　　）

(7) (6)のような森林でも倒木によって高木の欠くところができると，その部分は林床まで光が届くため，強い光を必要とする植物の種子も発芽・生育できる。そのような部分を何というか。（　　　　　）

> **ヒント** (3) ④には常緑樹が入るが，オオシマザクラは落葉樹である。イタドリの仲間は空き地や道端などでよく見られる。ヤシャブシも森林の近くにできた空き地などで見られる低木。

9 [山火事跡地に見られる遷移]

植生の遷移に関する次の各問いに答えよ。

山火事や森林の伐採跡地から始まる遷移を（　①　）遷移という。この遷移では，土壌がすでに形成されており土壌中に有機物も多く，また植物の種子や，極相を形成していた（　②　）のひこばえ（切り倒された木の株や根から再生してできる若い芽）もあるため，比較的（　③　）時間で極相に達する。

(1) 空欄①～③にそれぞれ適当な語句を記入せよ。
　　　　　①（　　　）②（　　　）③（　　　）

(2) 極相を形成していた植物の種子は a)風散布型，b)付着散布型，c)重力散布型のどのタイプか。また種子の大きさは，ア)大きい，イ)小さいのいずれか。記号で答えよ。
　　　　　種子のタイプ（　　）　種子の大きさ（　　）

> **ヒント** (2) 暗い林床でも生育できるよう，種子の養分だけである程度成長しておく必要がある。

3章 気候とバイオーム

○ 7 □ 植物群系

① **バイオーム**…相観で植生を分類したもの。おもに気温や降水量によってバイオームの分布が決まる。

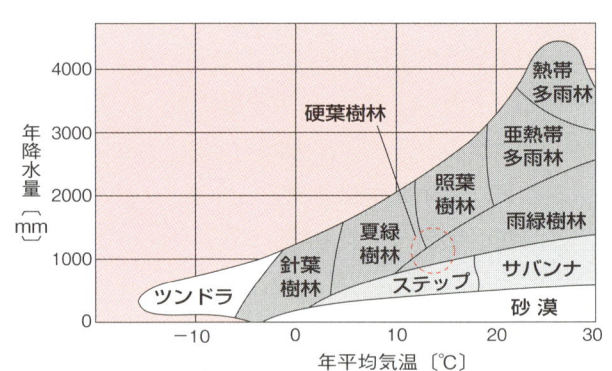

② バイオームと年降水量…森林が形成されるためには1000mm以上，草原では200mm以上が必要。

> 年降水量が多いと森林。気温によってその種類が変わる。

③ バイオームと気温…森林群系は気温の高い地方から順に，（熱帯）**熱帯多雨林**，**亜熱帯多雨林**，**照葉樹林**，**夏緑樹林**，**針葉樹林**（寒帯）。
　また，気温が高く，雨季と乾季が見られるところには**雨緑樹林**が，冬に雨の多い地中海性気候の地域には**硬葉樹林**が発達する。

④ 草原は熱帯では**サバンナ**，温帯では**ステップ**となる。極端に年平均降水量が少ないところは**砂漠**となり，極端に気温の低いところは**ツンドラ**となる。

○ 8 □ 日本におけるバイオームの分布

① **水平分布**…日本付近は十分な降水量があるため森林が極相となり，気温の違いによって，南から順に4つのバイオームが分布する。

　亜熱帯多雨林　ソテツ，ヒルギ
　照葉樹林　シイ，カシ，クス
　夏緑樹林　ブナ，ナラ，カエデ
　針葉樹林　トドマツ，トウヒ

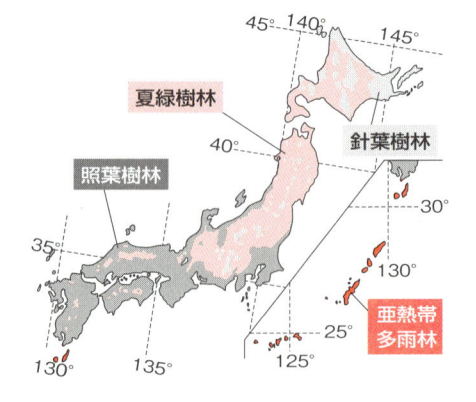

② **垂直分布**…本州中部地方では，低いほうから順に次の4つが分布。

　丘陵帯（照葉樹林）
　山地帯（夏緑樹林）
　亜高山帯（針葉樹林）
　　　　　　　　　――― 森林限界（標高約2500m）
　高山帯（高山植物，お花畑）

基礎の基礎を固める！

（　）に適語を入れよ。　答⇒別冊 *p.18*

7 バイオームと気温・降水量の関係 ⚙7

① 生物は生育地の環境に対応して分布し，環境要因が似た地域には似た生活形をもつ植物が優占する。（❶　　　　　　）は相観で植生を分類したもので，降水量が多い地域では（❷　　　　　　）が分布し，降水量が少なくなるにしたがって（❸　　　　　　），（❹　　　　　　）（砂漠）となる。

② 森林が成立する地域では，気温によってバイオームが異なり，気温の高い地方から順に**熱帯多雨林，亜熱帯多雨林，照葉樹林**，（❺　　　　　　），（❻　　　　　　）が分布する。気温が高く雨季と乾季のある地域では（❼　　　　　　）が，夏に雨が少なく冬に雨が多い地中海性気候の地域では（❽　　　　　　）が発達する。

③ 降水量が少ない熱帯では（❾　　　　　　），温帯では（❿　　　　　　）とよばれる草原が成立。極端に降水量が少ないと**砂漠**に，極端に気温が低いと（⓫　　　　　　）になる。

8 日本の水平分布 ⚙8

① 日本付近は十分な降水量があるため，高山などを除いて（⓬　　　　　　）が極相となる。低緯度から高緯度に 100km 移動するごとに気温が約（⓭　　　　　　）℃低下する。そのため南北に長い日本列島では，北から南にかけて顕著な**水平分布**が見られ，北から順に**針葉樹林**，（⓮　　　　　　），（⓯　　　　　　），**亜熱帯多雨林**が分布する。

② **各バイオームの代表的な樹種**

　針葉樹林…エゾマツ・トドマツ・トウヒ
　夏緑樹林…（⓰　　　　　　）・ミズナラ・カエデ
　照葉樹林…シイ・カシ・（⓱　　　　　　）・タブノキ
　亜熱帯多雨林…ソテツ・ヘゴ・ガジュマル・ビロウ　海岸線や河口では，ヒルギ類が（⓲　　　　　　）林をつくっている。

9 日本の垂直分布 ⚙8

本州の中部地方で見られる**垂直分布**は，海抜 700m までの（⓳　　　　　　）帯ではスダジイ・アラカシ・タブノキなどの優占する**照葉樹林**が見られ，その上の約 1700m までの範囲は（⓴　　　　　　）帯とよばれ，ブナ・ミズナラなどの**夏緑樹林**が発達している。さらにその上の**森林限界**とよばれる約（㉑　　　　　　）m までは，シラビソ・コメツガ・オオシラビソなどの**針葉樹**におおわれた（㉒　　　　　　）帯となる。その上は低木が点在し，夏には**お花畑**が見られる**高山帯**となる。

3章　気候とバイオーム　　**67**

テストによく出る問題を解こう！

答➡別冊 p.18

10 ［世界のバイオーム］ 必修

次のア～オの文は，それぞれどのバイオームを説明したものか。下のa～kのなかから選び記号で答えよ。

ア　気温が比較的高く降水量もかなり多い地域で見られ，クチクラが発達して厚く，光沢のある常緑性の葉をもつ。（　　）

イ　東南アジアなどの雨季と乾季のある地域で見られる。（　　）

ウ　温度の低い高緯度地方に見られる荒原。（　　）

エ　降水量が夏は少なく冬に多い地中海沿岸地域で見られる。（　　）

オ　比較的気候の穏やかな地域に分布し，落葉性の広葉をもつ樹木が優占するバイオーム。紅葉する樹木も多い。（　　）

- a　亜熱帯多雨林　　b　雨緑樹林　　c　夏緑樹林　　d　硬葉樹林
- e　砂漠　　　　　 f　サバンナ　　g　照葉樹林　　h　針葉樹林
- i　ステップ　　　 j　ツンドラ　　k　熱帯多雨林

11 ［バイオームと気温・降水量の関係］ テスト

右図は縦軸に年間の降水量，横軸に年平均気温をとり，バイオームとの関係を示したものである。次の各問いに答えよ。

(1) 図中のa～kのバイオームの名称をそれぞれ答えよ。

a (　　　　)　b (　　　　)
c (　　　　)　d (　　　　)
e (　　　　)　f (　　　　)
g (　　　　)　h (　　　　)
i (　　　　)　j (　　　　)
k (　　　　)

(2) 次の①～⑨の植物がおもに見られるバイオームはそれぞれa～kのどれか。

① エゾマツ　② オリーブ　③ ブナ　④ チーク　⑤ ソテツ
⑥ フタバガキ　⑦ 多肉植物　⑧ イネ科植物　⑨ イネ科植物と低木

① (　　)　② (　　)　③ (　　)　④ (　　)　⑤ (　　)
⑥ (　　)　⑦ (　　)　⑧ (　　)　⑨ (　　)

ヒント　(1) 降水量の少ない下の部分に入るのが荒原で，その上が草原，そのさらに上に森林が入る。
(2) チークは雨緑樹林を代表する植物。フタバガキはラワン材などで知られる常緑高木。多肉植物はサボテンのようにやわらかい部分を多くたくわえた植物。

12 [緯度・標高と日本のバイオーム] 必修

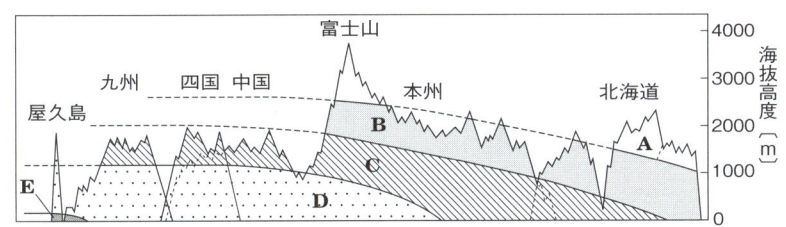

上の図は横軸に緯度，縦軸に標高をとって，日本のバイオームの分布の関係を示したものである。

A〜Eで優占する植生を下のア〜オからそれぞれ選び，ない場合は「なし」と書け。

ア　亜熱帯多雨林　　イ　針葉樹林　　ウ　照葉樹林　　エ　硬葉樹林　　オ　夏緑樹林

A (　　　)　B (　　　)　C (　　　)　D (　　　)　E (　　　)

13 [日本の水平分布] テスト

日本のバイオームに関する右図を見て各問いに答えよ。

(1) 日本の緯度に沿った森林の分布は気温・降水量のいずれによるか。(　　　)

(2) 図中のa〜dのバイオームをそれぞれ答えよ。

a (　　　)　b (　　　)
c (　　　)　d (　　　)

(3) 次の①〜④の植物がおもに見られるのはそれぞれa〜dのどのバイオームか。

① タブノキ (　　　)　② トドマツ (　　　)
③ ミズナラ (　　　)　④ ヘゴ (　　　)

14 [高度とバイオームの分布] テスト

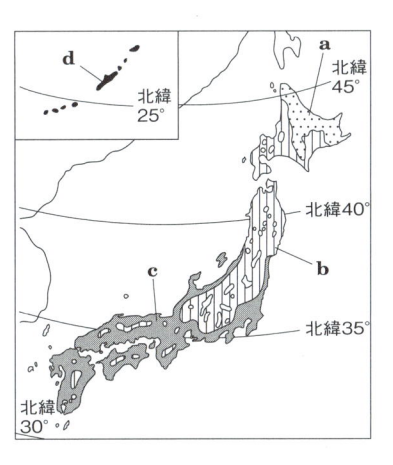

右図は日本の中部山岳地方の垂直方向のバイオームの分布を示したものである。次の各問いに答えよ。

(1) このようなバイオームの分布を何というか。(　　　)

(2) 図中のa〜dをそれぞれ何帯というか。

a (　　　)帯　b (　　　)帯
c (　　　)帯　d (　　　)帯

(3) 次の①〜④の植物は，図中のa〜dのどこで見られるか。

① シラビソ・オオシラビソ・コメツガ　② ブナ・ミズナラ・カエデ
③ ハイマツ・コケモモ・ガンコウラン　④ スダジイ・アラカシ・タブノキ

① (　　　)　② (　　　)　③ (　　　)　④ (　　　)

(4) 図中のAの境界を何というか。(　　　)

3章　気候とバイオーム

4章 生態系と物質循環

⚙9 □ 生態系の構造
① **生態系**…一定の地域における**生物**と**非生物的環境**のまとまり。
② 生態系を構成する生物
生産者・消費者（一次消費者・二次消費者・三次消費者）・分解者
③ **作用**…非生物的環境が生物に及ぼす影響。
④ **環境形成作用**…生物活動が生態系に及ぼす影響。

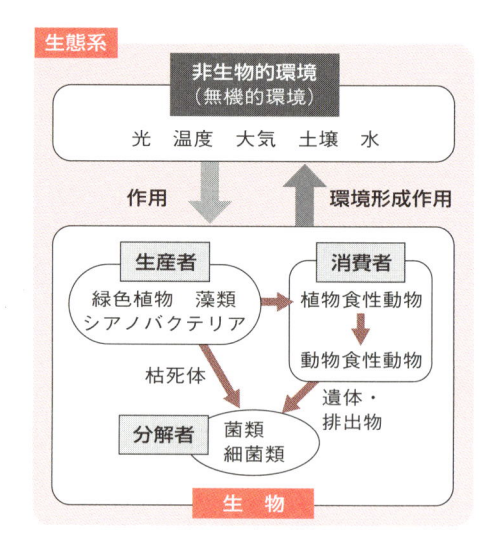

⚙10 □ 食物連鎖と生態ピラミッド
① **食物連鎖**…捕食者と被食者の一連の関係。実際は，複雑な網目状の**食物網**。
② **生態ピラミッド**…生産者から始まる食物連鎖の各段階（**栄養段階**）における量を順に積み重ねたもの。**個体数ピラミッド・生物量ピラミッド**

⚙11 □ 物質の循環とエネルギー
① **炭素の循環**…大気中や水中の CO_2 は，**光合成**によって植物に取り入れられ，食物連鎖を通じて移動，各生物の**呼吸**によって非生物的環境に放出。
② **窒素同化**…緑色植物や菌類が土壌中の NO_3^- や NH_4^+ を吸収し，タンパク質・核酸・ATP などの有機窒素化合物を合成。
③ **窒素固定**…シアノバクテリアや窒素固定細菌（**根粒菌**・アゾトバクター・クロストリジウム）が空気中の N_2 から植物が利用できる NH_4^+ を合成。
④ **エネルギーの流れ**…**循環せず**，最終的に**熱エネルギー**として生態系外へ。

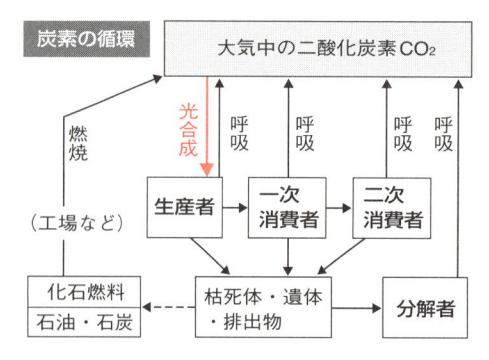

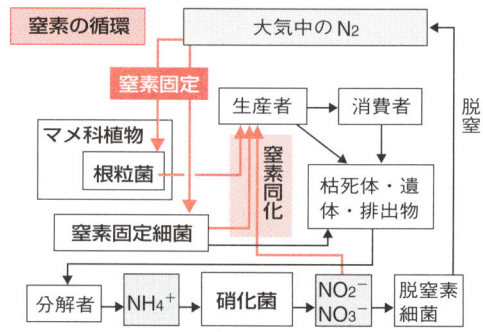

基礎の基礎を固める！

（　）に適語を入れよ。　答⇒別冊 p.19

10 生態系の構造　⚙9

① 一定の地域に生活する**生物**と，それを取り巻く（❶　　　　　　）をあわせて**生態系**という。生態系を構成する生物は生態系内の役割により，光合成などで無機物から有機物をつくる（❷　　　　　　），❷がつくった有機物を直接・間接的に食物として取り込み利用する（❸　　　　　　），❷・❸の遺体・枯死体・排出物を CO_2 と H_2O に分解する（❹　　　　　　）に分けられる。

② ❸は，植物食性の（❺　　　　　　），❺を食物とする（❻　　　　　　），❻を食物とする（❼　　　　　　）などに分けられる。

11 炭素の循環とエネルギー　⚙10, 11

① 空気中や水中の CO_2 は，（❽　　　　　　）である植物の（❾　　　　　　）によって生物に取り入れられ，炭水化物やタンパク質などの有機物が合成される。

② この有機物を（❿　　　　　　）である**植物食性動物**（植食動物）が食物として取り入れ，さらに，**動物食性動物**（肉食動物）の（⓫　　　　　　）が食物とする。このように（⓬　　　　　　）を通じてしだいに高次の消費者へと移行する。

③ 生産者や消費者の遺体・枯死体・排出物は，**細菌**や（⓭　　　　　　）などの（⓮　　　　　　）の呼吸によって二酸化炭素として空気中や水中に放出されて非生物的環境に戻る。

④ 太陽の（⓯　　）エネルギーは生産者の光合成で有機物の（⓰　　　　　　）エネルギーに変換されて，食物連鎖を通じて移行し，各生物の呼吸によって（⓱　　　　）エネルギーとして生態系外に放出される。**循環はしない**。

⑤ 食物連鎖の各段階でエネルギーが放出されるため，（⓲　　　　　　）が進むごとに生物量や個体数は小さくなっていく。この量的関係を⓲ごとにまとめて積み重ねたものを（⓳　　　　　　）という。

12 窒素の循環　⚙11

① 窒素は，生物体を構成する（⓴　　　　　　）・**核酸**・**ATP**・**クロロフィル**などの有機窒素化合物に含まれている。これらは植物が土壌中の（㉑　　　　　　）や NH_4^+ をイオンの状態で根から吸収し，それを（㉒　　　　　　）によって合成している。

② 空気中には体積の80％も分子状の窒素が存在するが，植物はこれを直接は利用できず，シアノバクテリアや土壌中の（㉓　　　　　　）・**アゾトバクター**・**クロストリジウム**などの細菌が利用可能な NH_4^+ を合成する。これを（㉔　　　　　　）という。

③ 土壌中の NH_4^+ は，亜硝酸菌や硝酸菌などが行う（㉕　　　　　　）**作用**によって NO_3^- に酸化される。

テストによく出る問題を解こう！

答 ➡ 別冊 p.19

15 ［食物連鎖と生態系］ 必修

下は水田の生態系に見られる食う食われるの関係を示したものである。あとの各問いに答えよ。

　　　a イネ ⟶ b イナゴ ⟶ c カエル ⟶ d ヘビ ⟶ e ワシ

(1) 上のような一連の食う食われるの関係のつながりを何とよぶか。（　　　　）

(2) 上の a～e のうち生産者に属するものはどれか。（　　　　）

(3) 上の a～e のうち三次消費者に属するものはどれか。（　　　　）

(4) 実際の自然界ではこのような単純な流れではなく，複雑に入り組んだ構造になっていることが多い。そのような関係を何とよぶか。（　　　　）

16 ［生態ピラミッド］ テスト

右はアメリカのフロリダにある湖の生態系について調査した値を図にまとめたものである。これを見て，各問いに答えよ。

(1) 右のような図を何とよぶか。各段階は生物個体の質量×個体数で示してある。（　　　　　　　　）

(2) 生態系の生物を a～d のように分けたものを何とよぶか。（　　　　　　　）

(3) 図の a～d のうち植物プランクトンはどれにあてはまるか。（　　　　）

(4) 図の a～d のうち一次消費者はどれか。（　　　　）

　　　　　　　　　　　　　　　〔g/m²〕
　　　　　　　　　　　　　d　　15
　　　　　　　　　　　　　c　　11
　　　　　　　　　　　　　b　　37
　　　　　　　　　　　　　a　809

ヒント 生態ピラミッドには，個体数ピラミッド，生物量ピラミッド，エネルギーピラミッドなどがある。寄生関係などの場合に大小が逆転することもあるが，ふつうは生産者の量が最も大きく，食物連鎖の段階が進むごとに値は小さくなっていく。

17 ［エネルギーの流れ］

下は，エネルギーの移行を示したものである。次の各問いに答えよ。

　　a 太陽 ⟶ b 植物 ⟶ c 植物食性動物 ⟶ d 動物食性動物 ⟶ e 細菌・菌類

① a の太陽から供給されるエネルギーはどのような種類のエネルギーか。

② b の植物は何とよぶはたらきで a のエネルギーを捕らえているか。

③ b～e では，どのようなエネルギーの状態で移行するか。

④ b～e は，何とよぶはたらきでエネルギーを生態系外に放出するか。

72　3編　生物の多様性と生態系

18 [炭素の循環] テスト

下図は，炭素の移動経路を示した図である。あとの各問いに答えよ。

(1) 図中の a～d は，生態系の役割からそれぞれ何とよばれるか。

a (　　　　　)
b (　　　　　)
c (　　　　　)
d (　　　　　)

(2) 図中の e の燃料は，総称して何とよばれるか。
(　　　　　)

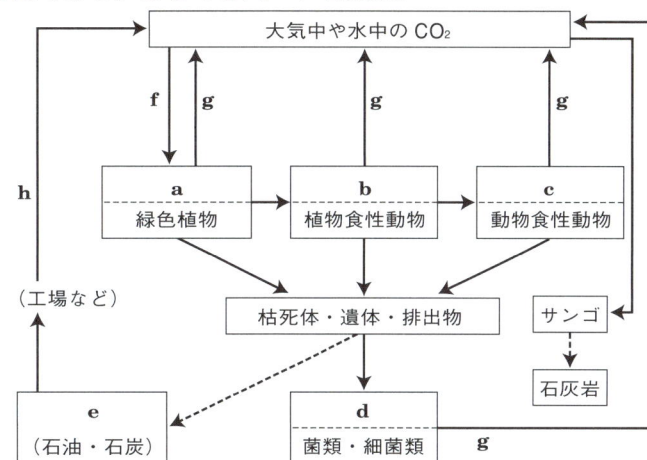

(3) 図中の f～h の働きは，それぞれ何とよばれるか。

f (　　　　) g (　　　　) h (　　　　)

ヒント (2) 石油・石炭・天然ガスは過去の生物の遺骸が分解してできたものと考えられている。

19 [窒素の循環] 難

図は，窒素の移動経路を示した図である。あとの各問いに答えよ。

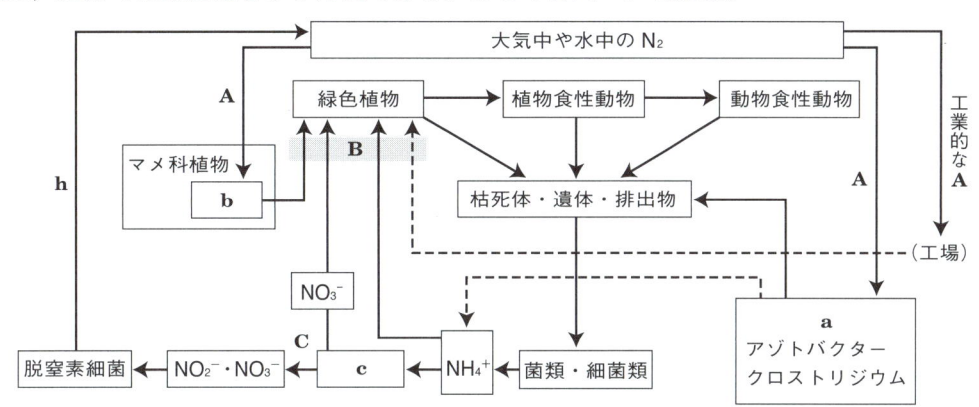

(1) 図中の A の空気中の窒素からアンモニアを合成する作用を何というか。(　　　　　)

(2) 図中の B の NO_3^- や NH_4^+ から有機窒素化合物を合成する過程を何というか。
(　　　　　)

(3) 図中の C の NH_4^+ が NO_3^- に酸化される作用を何というか。(　　　　　)

(4) 図中 a～c に入る原核生物をそれぞれ答えよ。

a (　　　　) b (　　　　) c (　　　　)

(5) 図中の A を行うアゾトバクターやクロストリジウムなどの細菌をまとめて何とよぶか。(　　　　　)

(6) B によって合成される有機窒素化合物の例を1つあげよ。(　　　　　)

4章　生態系と物質循環　73

5章 生態系のバランスと人間活動

15 □ 生態系のバランス

① 多様な生物からなる生態系は，生物群集の相互作用により一部の生物が一時的に増加あるいは減少してもやがて回復しバランスが保たれる（**復元力**）。

② 近年，**人口およびエネルギー消費の増加**，**都市や農耕地の拡大**などにより**人類活動が生態系の回復能力を超え**，生態系に多くの影響を及ぼしている。

	原　因	被　害
地球温暖化	化石燃料の大量消費に伴い**温室効果ガス**（CO_2，メタンなど）が増加し，**温室効果**によって地球の平均気温が上昇。	海水面上昇，自然の植生や農業への被害，伝染病拡大，砂漠の拡大
オゾン層の破壊	冷媒やスプレーの溶媒などに使われた**フロン**が上空のオゾン層のオゾンを破壊。南極上空に**オゾンホール**出現。	地表に到達する紫外線が増加し，皮膚がんや白内障が増加。
森林破壊	大規模な**木材の伐採**，**焼畑**により熱帯林が急速に減少。	地球温暖化促進，土壌荒廃，種の多様性低下。
砂漠化	森林伐採・焼畑や過放牧。農地の不適切な灌漑による**塩害**。風食・水食，砂の流入。	水不足や土壌のアルカリ化。
酸性雨 酸性霧	自動車や工場から出る硫黄酸化物や窒素酸化物が上空で硫酸や硝酸となり雨粒や霧に捕集される。（**pH5.6 以下**）	湖沼の魚貝類が死滅。コンクリートや大理石も溶ける。
光化学スモッグ	自動車や工場からの硫黄酸化物や窒素酸化物が上空で硫酸や硝酸，**光化学オキシダント**となり強い酸化力を示す。	目や呼吸器を傷つける健康被害。
赤潮 水の華	都市の下水や工業廃水などが**自然浄化**の能力を超えて多量に排出され，**富栄養化**によりプランクトンが異常発生。	プランクトンの毒素や分解時の酸素消費により魚貝類が死滅。
生物濃縮	**有機水銀・DDT・PCB・ダイオキシン**など生物に取り込まれると排出されない物質が体内で高濃度になる。	神経障害（有機水銀），奇形，発育異常，内分泌異常（**環境ホルモン**）
外来種による攪乱	他の土地から侵入した生物を**外来種**，定着したものを特に**帰化種**ということもある。	在来種を捕食，生活場所などを奪う，交雑する。

③ **生態系サービス**…食料，原料，生活空間や景観など生態系から得られる恩恵。

④ **生物多様性**… 3つのレベル（**種の多様性**，**生態系の多様性**，**遺伝的多様性**）

⑤ **生態系の保全**…開発などの事業に**環境アセスメント**を義務づけ，存続が危ぶまれる生物種をまとめた**レッドデータブック**を作成し保護を推進。

基礎の基礎を固める！

( )に適語を入れよ。　答➡別冊 p.20

13 地球の温暖化　15

（❶　　　　　　　）・メタン・フロンなどの気体は（❷　　　　　　）ガスとよばれ，地表面や大気中から熱が大気圏外に逃げるのを妨げる。近年，石油・石炭・天然ガスなどの（❸　　　　　　）の大量消費や森林の伐採などによって大気中のCO_2濃度は急激に増加している。これがおもな原因となって地球の気温が上昇していると考えられている。これを（❹　　　　　　）という。

14 オゾン層の破壊　15

地上25km付近の成層圏には**オゾン**（O_3）濃度の高い**オゾン層**があり，生物にとって有害な太陽からの（❺　　　　　　）を吸収する働きをしている。クーラーや冷蔵庫の冷媒やスプレーの溶媒，機械の洗浄などに使われた化学物質（❻　　　　　　）は，大気中に放出され，上空で強い紫外線によって分解されて**塩素**を放出し，オゾンを分解する。オゾン層の破壊によって近年地表に届く（❼　　　　　　）が増加し，**皮膚がん**や目の病気である（❽　　　　　　）が増加している。毎年数か月ほど，（❾　　　　　　）**上空**にはオゾン層の極端に薄い（❿　　　　　　）が生じている。

15 化学物質による大気や水の汚染　15

① 工場や自動車，発電所などによる多量の化石燃料の燃焼の結果，**窒素酸化物**（NOx）や（⓫　　　　　　）**酸化物**（SOx）が大気中に放出される。これが上空で**硝酸**や**硫黄**のミストとなって雨滴に溶け，（⓬　　　　　　）や**酸性霧**となり湖沼などに被害を与えている。また，窒素酸化物などに紫外線が作用すると，強い酸化力をもつ（⓭　　　　　　）が生じ，目や呼吸器を痛める**光化学スモッグ**が起こる。

② **有機水銀・DDT**などの特定の物質が，生体内に外部環境よりも高い濃度で蓄積される現象を（⓮　　　　　　）という。またダイオキシンや有機スズなど，自然界に放出されて動物の体内で内分泌系による調節機能を混乱させる化学物質を**内分泌攪乱化学物質**または（⓯　　　　　　）という。

16 環境保全の取り組み　15

土地開発による野生生物の生活への影響を抑える手段として，事前に開発の影響を予測・評価して計画を検討する**環境**（⓰　　　　　　）や，土地を買い取って開発が行われないように管理する（⓱　　　　　　）**運動**が行われるようになった。絶滅のおそれがある生物の一覧であるレッドリストに解説を加えてつくられた本が（⓲　　　　　　）**ブック**である。

5章　生態系のバランスと人間活動

テストによく出る問題を解こう！

答➡別冊 p.20

20 ［熱帯林の破壊］

熱帯林に関する次の各問いに答えよ。

(1) 現在，地球上では熱帯林が急速に減少している。そのおもな原因を2つ示せ。
（　　　　　）（　　　　　）

(2) 熱帯地方の河口部や海岸部ではヒルギ類などの低木が特有の生態系をつくっているが，燃料用に伐採され，跡地をエビの養殖場などにされるなどして減少が進んでいる。この生態系を何林というか。（　　　　　）

(3) 熱帯雨林は多様な生物が生息している種の宝庫である。これをバイオテクノロジーへの利用の面から見た場合，何の宝庫というか。（　　　　　）の宝庫

21 ［生物群集と DDT］ 必修

ある海域に生息する生物とその生物体内の DDT 濃度を次に示す。以下の各問いに答えよ。

動物プランクトン(0.04ppm) ⟶ イワシ(0.22ppm)
　　　　　　　　　　　　　　　　└⟶ ダツ(2.00ppm) ⟶ コアジサシ(5.6ppm)

(1) 上の矢印のような食う－食われるのつながりを何というか。（　　　　　）

(2) 栄養段階が上の生物ほど DDT が高濃度になっている，これは何という現象によるものか。（　　　　　）

22 ［河川の浄化］

下図は，河川の上流で有機物を含む多量の下水が流入したときに見られる有機物の量と溶存酸素の量および生物種の変化を示したものである。次の各問いに答えよ。

(1) Aの範囲で溶存酸素量が急激に減少している。酸素がおもにどの生物に消費されたためか。
（　　　　　）

(2) Bの範囲で細菌類が減少しているのはなぜか。
（　　　　　）

(3) 下流では水の濁りがとれて清水にもどっている。このような作用を何というか。
（　　　　　）

(4) 河川の水質判定には，水に溶けている物質の濃度を計測するほかにトビケラやヘビトンボなどの水生生物を調査することが多い。このような環境を測定する規準として使われる生物を何というか。（　　　　　）

23 [地球規模の気温上昇] テスト

右図は，ハワイ島のマウナロア山にある観測所で毎年夏期と冬期に大気中の二酸化炭素量を測定した結果を示したものである。これに関する以下の各問いに答えよ。

(1) 大気中の二酸化炭素濃度が右図のように上昇する主因と考えられているものは何か。
（　　　　　　　　　　）

(2) 図では，夏期には二酸化炭素濃度が低下している。これはなぜか。
（　　　　　　　　　　　　　　　　　　　　　　）

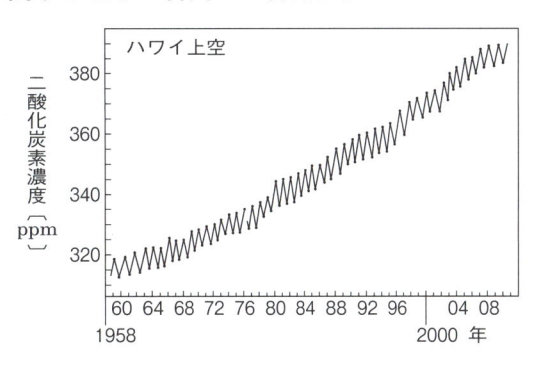

(3) このような二酸化炭素濃度の上昇に伴って，地球の気温も上昇している。これを何というか。（　　　　　　　　）

(4) (3)は二酸化炭素の何という働きによるものか。（　　　　　　　　）

(5) (3)が進むと地球にどのようなことが起こると予想されるか。2つ答えよ。
（　　　　　　　　）（　　　　　　　　）

24 [オゾン層の破壊] 必修

オゾン層の破壊に関する次の問いに答えよ。

(1) 南極上空にできるオゾンの極端に薄い部分を何というか。（　　　　　　　　）

(2) オゾン層は生物にとってどのように役立っているか。
（　　　　　　　　　　　　　　　　）

(3) (1)が出現した原因となる物質は何か。（　　　　　　　　）

(4) オゾン層の破壊によって人体に生じる害はどのようなものがあるか，2つ答えよ。
（　　　　　　　　）（　　　　　　　　）

25 [環境問題] テスト

次の(1)～(4)の各文について空欄に適当な語句を記入せよ。

(1) 酸性雨はpH①（　　　　）以下の酸性の雨で，おもに工場や②（　　　　　　）から排出される③（　　　　）酸化物や硫黄酸化物が原因となる。

(2) 自然界に放出された人工の化学物質が動物の体内に取り込まれ，雄個体の雌化を起こすなどの害を及ぼす。これを（　　　　　　　　　　）または環境ホルモンという。

(3) 家庭排水などの塩類が①（　　　　　　）化やそれに伴うプランクトンの異常発生を引き起こす。海を赤く染めるのが②（　　　　　），湖に出る緑色のものは③（　　　　　　）。

(4) 乾燥地域で農地で水をまきすぎると毛管現象で地下水を吸い上げ，①（　　　　　　）をもたらす。この①のほか過放牧や無計画な伐採なども②（　　　　　　）の原因である。

5章　生態系のバランスと人間活動　77

入試問題にチャレンジ！

答➡別冊 p.21

1 光の強さと光合成速度に関する下の各問いに答えよ。

　ある栽培植物から100cm²の葉面積の葉を切り取って，切り口が水につかるようにして透明な箱を入れた。それにさまざまな強さの光を照射し，一定の濃度のCO_2を含む空気を箱の入り口から送り込み，出口から出てくる空気のCO_2濃度を測定した。下のグラフは光の強さとこの葉が1時間あたり吸収するCO_2の量（CO_2吸収速度）の関係を示したものである。

(1) このグラフに示したCO_2吸収速度のことを，（ a ）の光合成速度とよぶ。aに適切な語を記せ。

(2) このグラフでは，およそ0.2×10^4ルクスでCO_2吸収速度が0になっている。この光の強さのことを何とよぶか。

(3) 暗黒（0ルクス）のとき，CO_2吸収速度は，$-4mg／100cm^2／$時間となり，CO_2が放出されているが，このCO_2放出速度のことを何とよぶか。

(4) 3.0×10^4ルクス以上ではCO_2吸収速度が一定になっている。この3.0×10^4ルクスの光の強さを何とよぶか。

(名城大)

2 バイオームの分布に関する次の各問いに答えよ。

　バイオームの分布は，温度や降水量などが環境要因に大きく影響される。平地では，赤道から緯度が増すにしたがって温度は低下するが，このようなバイオームの分布を①＿＿＿という。気温は高度（標高）が1000m増すごとにおよそ5～6℃ずつ低下し①＿＿＿と似たようなバイオームの分布が平地から高地にかけても見られる。これを②＿＿＿という。

　例えば，日本の中部地方では，高度700mまでの丘陵帯に A 照葉樹林が，約1700mまでの山地帯に B 夏緑樹林が，その上の亜高山帯には C 針葉樹林が分布し，約2500mで高木の森林が見られなくなる③＿＿＿に達する。③＿＿＿より上は高山帯となり，ハイマツなどの低木林やお花畑（高山草原）になる。

(1) 文中の①～③に適切な語句を記せ。

(2) 下線部A～Cの植生に代表的な樹木を以下からすべて選び記号で答えよ。

　　a トドマツ　　b ブナ　　c クスノキ　　d エゾマツ　　e キバナシャクナゲ
　　f シラビソ　　g メヒルギ　　h ミズナラ　　i オリーブ　　j チーク
　　k スダジイ　　l ゲッケイジュ

(弘前大)

3 生態系内の物質の移動について次の各問いに答えよ。

　生物にとって窒素と炭素は特に重要な元素である。これらの元素は自然界で常に循環している。図は窒素と炭素の主な循環経路を示したものであり，実線は"窒素の流れ"を，破線は"炭素の流れ"を表す。

(1) 図中のAおよびBにあてはまる適当な語句を入れよ。

(2) 以下の文章のア～エに適切な語句を入れよ。
　①の窒素の流れを示す経路は（　ア　）とよばれ，（　イ　）の働きによる。
　また，同化された窒素は，最初（　ウ　）に変換され，この窒素化合物（　ウ　）は有機酸と結合して（　エ　）に合成される。

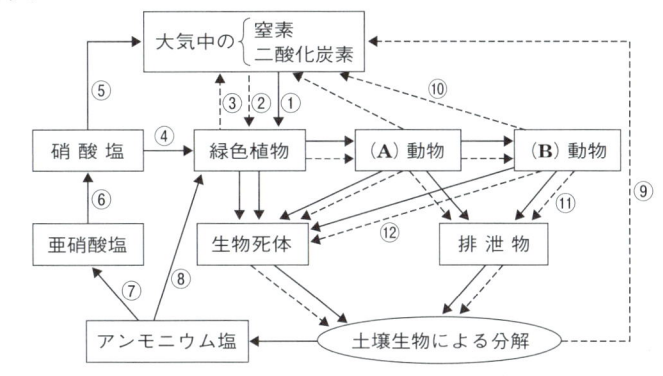

(3) ③の炭素の流れを示す経路は何とよばれるか。また，①～⑫の番号を付した経路のうち，③と同じ働きをしているものの番号をすべて記せ。

(4) ④の経路は，緑色植物のもつ何の作用か答えよ。

(5) ⑤と⑥の経路に関係する細菌の名称をそれぞれ答えよ。

(九州大)

4 植生の遷移に関する次の文を読んで，各問いに答えよ。

　ある場所の①□□□が時間とともに移り変わっていく現象を②□□□という。火山から噴出される溶岩流や氷河が後退した後に残された氷河堆積物などで形成された裸地には，③□□□がまだ形成されておらず，生物がいない。このような場所から始まる②□□□を一次②□□□という。目に見える生物で最初にこのような場所に侵入する生物は，風に飛ばされた④□□□から生じるコケ植物や無性生殖器官（粉芽や裂芽）などから生じる地衣類である。岩が風化し，初期の生物の死骸が細菌などの微生物によって分解されるとしだいに③□□□が形成される。③□□□が形成されると，風や動物によって運ばれた種子が芽生えて，草本が侵入する。その後，低木の陽樹が侵入し，さらに高木の陽樹が侵入して陽樹林に変わる。陽樹林の林床では，陽樹の芽生えは育ちにくいが，陰樹の芽生えは育ちやすいので，しだいに陽樹と陰樹の混交林となる。この状態になっても，実際には，優占種の陰樹に加えて，他の陰樹や陽樹が共存する。例えば，日本の夏緑樹林では，ブナが優先することが多いが，ブナ以外のミズナラやカエデなどの種が多数存在し，種多様性の高い森林となる。

(1) 文中の空欄に適切な語句を記せ。
(2) 文中の下線部が起こる理由を答えよ。

(名古屋大)

執筆協力；矢嶋　正博
図版協力；藤立　育弘

シグマベスト	編　者　文英堂編集部
これでわかる基礎反復問題集 **生物基礎**	発行者　益井英郎
	印刷所　中村印刷株式会社
	発行所　株式会社　文英堂

本書の内容を無断で複写(コピー)・複製・転載することは，著作者および出版社の権利の侵害となり，著作権法違反となりますので，転載等を希望される場合は前もって小社あて許諾を求めてください。

〒601-8121　京都市南区上鳥羽大物町28
〒162-0832　東京都新宿区岩戸町17
(代表)03-3269-4231

Ⓒ BUN-EIDO　2012　　　Printed in Japan　　　●落丁・乱丁はおとりかえします。

高校 これでわかる 基礎反復問題集 生物基礎

正解答集

文英堂

1編 細胞と遺伝子

1章 生命とは

基礎の基礎を固める！の答 ➡本冊 p.5

1. ハ虫
2. 哺乳
3. 進化
4. 共通
5. 系統
6. 系統樹
7. 種
8. 種
9. 科
10. 細胞
11. 細胞膜
12. DNA
13. タンパク質
14. 呼吸
15. ATP
16. DNA（遺伝情報）
17. 体内

テストによく出る問題を解こう！の答 ➡本冊 p.6

1 (1) 進化　(2) 系統樹　(3) 種

解き方 生物を進化に基づいて類縁関係で分けたものを**系統**という。そのつながりを樹木の幹や枝のように示した図を**系統樹**という。系統樹では，共通の祖先生物から後の時代の生物へ進化するにしたがって枝分かれして広がっていく。

2 D

解き方 D 生物は体外環境（外部環境）が変化しても温度や成分などの**体内環境（内部環境）**が一定になるよう調整を行っている。
E 単細胞生物やイソギンチャクなどは分裂を行って新しい個体をつくる。脊椎動物など多くの動物や植物などは卵や精子などの生殖細胞をつくり，それが受精することで個体をふやす。

> **テスト対策　生物の特徴**
> ① **細胞膜**で外界と仕切られる。
> ② **遺伝情報**をもつ。その本体は**DNA**。
> ③ エネルギーを調達する。**ATP**をつくる。
> ④ 自分と同じ構造をもつ子孫をつくる。
> ⑤ **体内環境**を維持する。➡**恒常性**

3 ① C　② A　③ B　④ D

解き方 ① 生物は生殖によって自分の遺伝情報を受け継いだ新しい個体をつくる。同じ親から生まれたきょうだいどうしは，他人どうしよりも共通の遺伝情報を多くもつ場合が多い。
③ 光合成によってデンプンがつくられる過程は代謝の1つである。
④ 塩分濃度の高いものなどを取り込んで体液の濃度が高まると，水分を多くとって適切な濃度にもどそうとする。

4 ① 細胞　② ATP　③ 水　④ DNA　⑤ 恒常性

5 (1) ① B　② D
(2) 哺乳類

解き方 (2) 系統樹の枝の長さは共通の祖先生物から分かれてからの時間の長さ，系統の遠さを示している。両生類から魚類との共通祖先に達するには，哺乳類との共通祖先からさらにさかのぼる必要がある。

2章 細胞のつくりの共通性

基礎の基礎を固める！の答 ➡本冊 p.9

1. 細胞膜
2. DNA
3. 細胞小器官
4. 原核
5. 原核
6. 細菌
7. 真核
8. 真核
9. 核膜
10. 染色体
11. 細胞膜
12. ATP
13. ミトコンドリア
14. ゴルジ体
15. 中心体
16. 葉緑体
17. 細胞質基質
18. 細胞壁
19. 液胞

テストによく出る問題を解こう！の答 ➡ 本冊 p.10

6 ① 細胞　② 細胞膜　③ DNA
　　④ 細胞小器官

解き方 細胞の特徴の1つとして重要なのは，細胞の特徴の1つとして重要なのは，細胞は細胞膜で外界と仕切られていることである。また，明瞭な核膜をもち，DNAがその中に存在する細胞を**真核細胞**，明瞭な核膜がない細胞を**原核細胞**という。

7 (1) ①，③，⑥
　　(2) 原核生物
　　(3) a，c

解き方 原核細胞は核膜をもたないだけでなく，**ミトコンドリアなどの細胞小器官ももたない。**
(3) ゾウリムシは原生動物で真核生物，大腸菌は細菌類で原核生物，ヒトは脊椎動物で真核生物，ネンジュモはシアノバクテリアの一種で原核生物である。

8 (1) 液胞　　　(2) 細胞壁
　　(3) ゴルジ体　(4) 中心体
　　(5) 葉緑体

解き方 (1) 植物細胞で発達しており，**アントシアン**を含むことから，液胞とわかる。
(2) 植物細胞にだけあり，**セルロースを主成分とするのは細胞壁。**
(3) 動物細胞で発達しており，**粘液を分泌することからゴルジ体とわかる。**
(4) 高等植物になく，動物細胞の細胞分裂時に紡錘体形成に関係するのは中心体。
(5) 植物細胞にだけあり，**クロロフィル**を含むのは光合成の場である葉緑体。

テスト対策 動物細胞と植物細胞のちがい

	動物細胞	植物細胞
細胞壁	なし	あり
葉緑体	なし	あり
液胞	発達していない	発達している
ゴルジ体	発達している	発達していない
中心体	発達している	シダ・コケの精細胞にはある

9 (1) 植物細胞
　　理由…細胞膜の外側を囲む細胞壁があり，葉緑体が見られ，液胞も発達している。
　　(2) a …ミトコンドリア　b …核膜
　　　　c …染色体　　　　　d …葉緑体
　　　　e …細胞質基質　　　f …細胞膜
　　　　g …細胞壁　　　　　h …液胞
　　(3) a ③　b ②　c ①　d ⑥
　　　　e ⑦　f ⑧　g ⑤　h ④

解き方 (2) 光学顕微鏡像による模式図の場合，ミトコンドリアと葉緑体は形が似ていることがあるが，一般に，**葉緑体のほうが大きい**ことで見分けるとよい。
(3) ①染色体は，遺伝子である**DNA**と**ヒストン**というタンパク質からなる。
③呼吸によってエネルギーを生産するのは**ミトコンドリア**である。
⑦細胞質基質は，おもに水とタンパク質からなり，コロイド状である。

10 (1) A …ミトコンドリア
　　　B …ゴルジ体
　　　C …葉緑体
　　(2) ① B　② C　③ A
　　(3) a …クリステ　b …チラコイド
　　　　c …ストロマ

解き方 電子顕微鏡による細胞の微細構造については，教科書ではくわしく扱われていないが，ここにあげたミトコンドリアとゴルジ体，葉緑体についてはテストに出題されることもあるので覚えておくこと。
(3) Aのミトコンドリア内部の櫛状の構造は**クリステ**とよばれる。また，Cの葉緑体のへん平な袋状の構造は**チラコイド**といい，チラコイドの間をうめる基質部分は**ストロマ**という。チラコイドには，光合成色素であるクロロフィルが含まれる。

3章 代謝とエネルギー・酵素

基礎の基礎を固める！の答 ➡本冊 p.13

1. 代謝
2. 同化
3. 光合成
4. 異化
5. 同化
6. 異化
7. 同化
8. 異化
9. 無機物
10. ATP
11. ADP
12. 通貨
13. アデノシン
14. 3
15. アデノシン三リン酸
16. タンパク質
17. 触媒
18. 細胞内

テストによく出る問題を解こう！の答 ➡本冊 p.14

11 (1) 代謝　(2) 同化　(3) 異化

解き方　無機物など単純な物質→複雑な有機物の過程が同化で、光合成や窒素同化がある。この過程はエネルギー吸収反応で、動物が食物として取り入れた物質をもとに体物質を合成する過程も同化に含まれる。一方、複雑な有機物→簡単な物質の過程が異化で、呼吸がその代表である。異化はエネルギー放出反応である。

テスト対策　代　謝

代謝 ┃ 同化…エネルギー吸収反応　光合成
　　 ┃ 異化…エネルギー放出反応　呼吸

12 (1) ① ア　② ウ　③ イ
　　　　④ エ
(2) ④

解き方　複雑な物質を合成する同化ではエネルギーが必要で、できた複雑な物質にはエネルギーが蓄えられる。異化はその物質を分解してエネルギーを取り出す反応。

13 ① ATP　② 呼吸　③ 通貨
　　 ④ 光　⑤ 化学

解き方　ATPに蓄えられた化学エネルギーは、いろいろな生命活動に利用されるので、ATPを「エネルギーの通貨」ともいう。

14 (1) ① ADP　② ATP
(2) A
(3) a …アデニン(塩基)
　　 b …リボース(糖)
　　 c …リン酸
(4) 高エネルギーリン酸結合
(5) エ

解き方　アデニン(塩基)にリボース(糖)が結合したものをアデノシンといい、これにリン酸が3つ結合したものがATP(アデノシン三リン酸)、2つ結合したものがADP(アデノシン二リン酸)である。リン酸どうしの結合を高エネルギーリン酸結合という。この結合は切れやすい割に大きなエネルギーを蓄えることができる。

15 (1) タンパク質
(2) 触媒
(3) a
(4) ① c　② a
(5) DNA

解き方　反応に必要な活性化エネルギーを減少させる性質をもち、反応の前後で自身は変化しない物質を触媒という。二酸化マンガンは無機触媒で、酵素はタンパク質でできた触媒作用をもつもので、細胞内で合成されるため生体触媒ともよばれる。

酵素タンパク質をつくる遺伝情報はDNAの塩基配列の形で細胞に組み込まれている。

4章 光合成と呼吸

基礎の基礎を固める！の答 ➡ 本冊 p.17

1. 炭酸同化
2. 光合成
3. 葉緑体
4. クロロフィル
5. 二酸化炭素
6. 酸素
7. 異化
8. 細胞質
9. ミトコンドリア
10. 内
11. 酸素
12. 二酸化炭素
13. ATP
14. クリステ
15. マトリックス
16. 好気
17. 細菌
18. 共生
19. 光合成
20. 原核
21. 共生
22. 共生説
23. 動物
24. 植物

テストによく出る問題を解こう！の答 ➡ 本冊 p.18

16 (1) A…ミトコンドリア　B…葉緑体
(2) A…呼吸　B…光合成
(3) ① B　② A　③ ×
④ A　⑤ B

解き方　二重膜で包まれ内膜が内側にくし状に伸びている細胞小器官は<u>ミトコンドリア</u>で，真核細胞に共通して見られ，原核細胞には見られない。植物の葉の葉肉部分(柵状組織と海綿状組織)の細胞には，ラグビーのボール状の細胞小器官が見られる。これが<u>葉緑体</u>で，緑色の光合成色素を含む。

17 (1) 同化
(2) ① 二酸化炭素　② 酸素
(3) 気孔

18 (1) ミトコンドリア，細胞質基質
(2) ① 酸素　② 二酸化炭素
(3) ATP

解き方　(2) ①は呼吸で吸収される気体であるから酸素，②は排出される気体で二酸化炭素。
(3) 呼吸で有機物を分解した結果生じたエネルギーは，ATPにたくわえられる。

19 (1) A…葉緑体　B…ミトコンドリア
(2) ① 二酸化炭素　② 酸素
③ 酸素　④ 二酸化炭素
⑤ ATP　⑥ ADP

解き方　(2) 光エネルギーを使う光合成では気孔から二酸化炭素が入り，酸素が排出される。これとは逆に呼吸では酸素が入って二酸化炭素が放出される。⑤と⑥は，光エネルギーや有機物を分解したときの化学エネルギーでADPからATPが合成され，できたATPが有機物の合成やさまざまな生命活動に利用されることからあてはめて考える。

20 (1) ミトコンドリア…ウ
葉緑体…ア
(2) 共生説(細胞内共生)

解き方　呼吸をする細菌(<u>好気性細菌</u>)が共生してミトコンドリアに，光合成を行う<u>シアノバクテリア</u>のような原核生物が葉緑体になったと考える。このような考え方を<u>共生説(細胞内共生)</u>という。

テスト対策	ミトコンドリアと葉緑体

- <u>ミトコンドリア</u>…もとは**好気性細菌**。
有機物を酸素で分解してATPを生成。
- <u>葉緑体</u>…もとは**シアノバクテリア**。
二酸化炭素と水から有機物を合成。

5章 DNAの構造

基礎の基礎を固める！ の答 ➡本冊 p.21

① 形質
② 遺伝
③ 遺伝情報
④ 遺伝子
⑤ DNA
⑥ ヌクレオチド
⑦ デオキシリボース
⑧ リン酸
⑨ チミン
⑩ 4
⑪ チミン
⑫ グアニン
⑬ ヌクレオチド
⑭ G
⑮ 2
⑯ 二重らせん
⑰ ワトソン
⑱ ヌクレオチド
⑲ 塩基
⑳ 二重らせん

テストによく出る問題を解こう！ の答 ➡本冊 p.22

21 (1) (遺伝)形質　(2) 遺伝情報
(3) 遺伝　(4) DNA

解き方 親から子に遺伝形質が伝わる遺伝は、遺伝情報をもつ物質である遺伝子が生殖細胞によって受けつがれることによる。遺伝子はDNAという物質からなる。

22 (1) ヌクレオチド
(2) ① オ　② イ　③ キ
(3) デオキシリボース
(4) アデニン，グアニン，シトシン，チミン

解き方 (4) 塩基の種類は4種類あるので、ヌクレオチドの種類も4種類ある。

23 ① G　② C　③ T
④ A　⑤ T

解き方 AとT，CとGがそれぞれペアになる。

24 ① 23　② 23　③ 27
④ 20　⑤ 30　⑥ 20

解き方 生物Aはアデニンが27%とわかっているので、③チミンも同じく27%とわかる。①シトシンと②グアニンもDNAに含まれる割合が互いに等しいので，それぞれ

$$\frac{100-(27+27)}{2}=23\%$$

生物Bについても同様にシトシンがグアニンと同じ30%，アデニンとチミンが残り40%を半分ずつで20%となる。

25 ① ア　② ク　③ カ　④ オ
⑤ タ　⑥ サ　⑦ ス（⑥，⑦は順不同）

26 (1) 塩基
(2) ヌクレオチド
(3) 二重らせん構造
(4) ワトソンとクリック

テスト対策　遺伝子の本体

遺伝子の本体はDNAである。
- DNA＝ヌクレオチド鎖の二重らせん
- ヌクレオチド＝塩基＋糖＋リン酸
- 塩基は，A・T・C・Gの4種類。
　A－T，C－Gが塩基対をつくる。

6章 DNAの複製と遺伝子の分配

基礎の基礎を固める！の答 ➡ 本冊 p.25

① 二重らせん
② 2
③ 鋳型
④ T
⑤ G
⑥ 塩基
⑦ 半保存的
⑧ 細胞周期
⑨ 間期
⑩ 間期
⑪ 2
⑫ 娘
⑬ 2
⑭ 同じ
⑮ 分化
⑯ 受精卵
⑰ タンパク質
⑱ 染色体
⑲ 分裂
⑳ 染色体
㉑ 減数

テストによく出る問題を解こう！の答 ➡ 本冊 p.26

27 (1) ① A ② C ③ T ④ T ⑤ G
　　　　⑥ A ⑦ A ⑧ C ⑨ T
(2) 半保存的複製

解き方 (1) AとT，CとGが塩基対をつくる。①～③は，T，G，Aに相補的な塩基をそれぞれ答える。もとのDNAのもう一方の鎖は⑦～⑨が同じくT，G，Aに対して相補的な塩基となり，⑦～⑨と相補的結合をつくる④～⑥はT，G，Aということになる。
(2) 新しくできたDNAの2本鎖のうち片側がもとのDNAの2本鎖から分かれた1本で，それを鋳型として，他方の鎖が複製されてできる。このようなしくみを半保存的複製という。

> **テスト対策 DNAの複製**
> 半保存的複製…DNAの2本鎖がほどけ，それぞれがそのまま新しいDNAの一方の鎖となる。
> 塩基対…AとT，CとG　の組み合わせ

28 (1) 間期　(2) エ

解き方 (1) 細胞周期は間期と分裂期からなる。
(2) 細胞あたりのDNA量は，間期の途中の時期に徐々に複製され，分裂期の最後に一度に半減する。

> **テスト対策 細胞分裂**
> 細胞周期…間期→分裂期→間期→…
> ● 間期にDNAが複製される。
> ● 分裂期の最後にDNA量が半減。

29 A DNA
　　　 B タンパク質

解き方 染色体は，1本のDNAが無数のタンパク質(ヒストン)に巻きついて折りたたまれた状態で核の中に存在する。分裂期にはさらに密に折りたたまれて太いひも状になって現れる。このときの染色体は複製された同一のものが2本くっついた状態で観察される。

30 ウ

解き方 ア　分裂期には核膜は消失する。
イ　DNAは間期でもヒストンと結合している。
エ　DNAが複製されるとき，その部分はヒストンとの結合がほどける。

31 (1) ① 体　② 体細胞　③ 間　④ 2
　　　 ⑤ 減数
(2) 分化

7章 遺伝情報の発現

基礎の基礎を固める！の答　➡本冊 p.29

① アミノ酸
② 水
③ ペプチド
④ ポリペプチド
⑤ 配列
⑥ DNA
⑦ 塩基
⑧ ヌクレオチド
⑨ リボース
⑩ A
⑪ C
⑫ G
⑬ U（⑩〜⑬は順不同）
⑭ mRNA
⑮ アミノ酸
⑯ 塩基
⑰ 3
⑱ トリプレット
⑲ mRNA
⑳ 転写
㉑ ペプチド
㉒ 翻訳
㉓ セントラルドグマ

テストによく出る問題を解こう！の答　➡本冊 p.30

32 (1) アミノ酸
(2) A…アミノ基
　　B…カルボキシル基
(3) ペプチド結合
(4) ポリペプチド鎖
(5) 160000

解き方 (2) アミノ酸は，炭素原子Cにアミノ基 -NH₂とカルボキシル基（カルボキシ基）-COOHが結合した分子で，タンパク質をつくるアミノ酸は水素Hと側鎖とよばれる原子団も結合している。この側鎖の違いからアミノ酸の種類と性質が決まる。
(3) アミノ基とカルボキシル基から，水が1分子とれてつながる結合をペプチド結合という。
(5) $20^4 = 160000$

テスト対策　タンパク質

　　R－側鎖　　　　　R₁　　R₂
H₂N-C-COOH　　H₂N-C-N-C-COOH
　　|　　　　　　　| || |
　　H　カルボキ　　H O H H
アミノ基　シル基　　ペプチド結合

アミノ酸は，**アミノ基**と**カルボキシル基**をもつ。アミノ酸どうしはペプチド結合で結合する。

33 (1) リボース
(2) A，C，G，U
(3) ア

解き方 (2) 4種類のうちA，C，GはDNAと共通で，1つだけTではなくUがAと相補的に結合する。

34 (1) ① DNA　② mRNA
　　③ アミノ酸　④ ポリペプチド
(2) 転写
(3) ペプチド結合
(4) 翻訳
(5) UAACGG

解き方 (1)(2) mRNAはDNAの塩基配列を転写してでき，遺伝情報を核から細胞質へ運び出す役割を果たす。
(3)(4) mRNAの塩基配列が，ポリペプチドのアミノ酸配列に置き換えられることを遺伝情報の翻訳という。
(5) DNAからRNAの塩基への対応は，A→U，T→A，G→C，C→Gである。

35 (1) ① 転写　② 翻訳
(2) セントラルドグマ

解き方 ウイルスには例外があるが（レトロウイルスが行う逆転写），生物の遺伝情報の流れはDNAの塩基配列→mRNAの塩基配列→アミノ酸配列→タンパク質の種類決定→形質発現　と一方向に決まっており，この流れをセントラルドグマという。

8章 ゲノムと遺伝情報

基礎の基礎を固める！ の答 ➡本冊 p.33

1. ゲノム
2. 2
3. 1
4. 塩基対
5. 30億
6. 遺伝子
7. 46
8. 23
9. 23
10. 23
11. 1
12. タンパク質
13. アミノ酸
14. 解読
15. 分化
16. 同じ
17. だ腺
18. だ腺染色体
19. パフ
20. 転写

テストによく出る問題を解こう！ の答 ➡本冊 p.34

36 (1) ゲノム
(2) ① 2 ② 1 ③ 2 ④ 1 ⑤ 1

解き方 (2) ①〜④動植物の**体細胞および受精卵がもつゲノムは2組**で，生殖細胞（精子や卵）がもつゲノムは1組。⑤原核生物が細胞内にもつゲノムは1組。

37 (1) ◯ (2) × (3) × (4) ◯
(5) ◯ (6) ◯

解き方 (2) たとえばヒトと原核生物の大腸菌とでは600倍以上も違う。
(3)(6) ゲノムには遺伝子としてmRNAに転写されない領域の塩基配列も多く含まれる。
(4)(5) ヒトの体細胞は46本の染色体をもち，これがゲノム2組分となる。

テスト対策 ゲノム

ゲノム：ある生物がもつ，生存に必要なすべての遺伝情報（DNAの塩基配列）の1セット。
- 体細胞：2組のゲノムをもつ
- 生殖細胞（精子・卵）：1組のゲノムをもつ

38 ① 塩基配列 ② 進化
③ 薬品（薬，医薬品）
④ 医学

39 (1) だ腺 (2) だ腺染色体
(3) パフ (4) イ (5) ウ

解き方 (2) **だ腺染色体**はショウジョウバエのほかユスリカの幼虫などでよく観察される。ユスリカは，種類によって異なるが染色体数が4本あるいは6本と少ないため観察しやすい。
(3)(4) だ腺染色体のところどころふくれた部分を**パフ**といい，DNAの遺伝情報の転写が行われRNAが合成されている。すなわち，遺伝子が働いている場所である。
(5) パフの位置（遺伝子の働いている場所）が発生段階によって異なることから，発生段階に応じてそのときに必要な遺伝子が働くよう調節されていることを読み取ろう。

テスト対策 だ腺染色体の特徴

① 間期でも観察できる**巨大染色体**
② ハエなどのだ腺細胞にある。
③ 酢酸オルセイン溶液で染色すると，多数の**しま模様**が見える→遺伝子の位置に相当
④ パフ→遺伝子の転写が行われている部分。

入試問題にチャレンジ！ の答 ➡本冊 p.36

1 (1) 細胞小器官
(2) ① 細胞質基質　呼吸の場
　　② リボソーム，タンパク質合成の場
　　③ 核　DNAが存在する場
　　④ ゴルジ体　物質の分泌と濃縮
　　⑤ ミトコンドリア　呼吸の場
(3) ア 外膜　イ 内膜　ウ 呼吸

解き方 (1) 核・ミトコンドリアなどを総称して**細胞小器官**という。図は，細胞壁や葉緑体をもたないので動物細胞である。
(3) **ミトコンドリア**は，外膜と内膜の二重の膜で包まれ，内膜はひだ状と突起（クリステ）をもち，呼吸に関係する多数の酵素が付着している。

2 (1) ① 代謝 ② 異化 ③ 同化
　　④ 酵素
(2) 呼吸

解き方 (1) 代謝は，体物質を分解する異化（呼吸など）と，簡単な物質から複雑な体物質を合

成する同化(光合成や窒素同化では無機物から有機物を合成する)に大別できる。これらの化学反応は酵素によって触媒される。
(2) 呼吸はすべての動植物の細胞で行われる。細菌など酸素を使わずに有機物を分解してATPを合成する異化(発酵)を行う生物もいるが、これも広い意味で呼吸に含めることがある。

3 (1) ① ケ ② ウ ③ オ ④ カ
(2) タンパク質

解き方 酵素はタンパク質でできた触媒で、化学反応に必要な活性化エネルギーを減少させ、ゆるやかな反応条件で化学反応を進行させる。酵素と反応する物質を基質といい、酵素は特定の基質としか反応しない(基質特異性という)。酵素は基質と酵素-基質複合体をつくって反応するが、酵素自身は反応の前後で変化しない。

4 (1) ① 二酸化炭素 ② 葉緑体
③ チラコイド ④ ストロマ
(2) クロロフィル
(3) 酸素, デンプン

解き方 (3) 光合成の結果、酸素が放出され、葉緑体の中で有機物(デンプン)が合成される。

5 (1) ① リン酸 ② 二重らせん
③ U ④ A ⑤ C ⑥ G
⑦ デオキシリボース ⑧ リボース
⑨ ペプチド
(2) 転写 (3) 翻訳

解き方 ヌクレオチドは、リボース(糖)+リン酸+塩基からなる。

2編 生物の体内環境の維持

1章 体内環境と体液

基礎の基礎を固める！ の答 ➡本冊 p.39

① 体外環境 ② 体液
③ 体内環境(内部環境) ④ 恒常性
⑤ 組織液 ⑥ 血しょう
⑦ 赤血球 ⑧ 白血球
⑨ 血小板 ⑩ 血しょう
⑪ 酸素 ⑫ リンパ球
⑬ 循環系 ⑭ 閉鎖
⑮ リンパ系 ⑯ 動脈
⑰ 静脈 ⑱ 毛細血管
⑲ 肺 ⑳ 体
㉑ ヘモグロビン ㉒ 酸素ヘモグロビン
㉓ 酸素解離曲線 ㉔ 血しょう

テストによく出る問題を解こう！ の答 ➡本冊 p.40

1 (1) ① 体外環境 ② 体液
③ 体内環境(内部環境)
(2) a…血液 b…組織液 c…リンパ液
(3) ア…b イ…a ウ…c

解き方 血管の中にあるのが血液、リンパ管の中の液がリンパ液、組織を満たしているのが組織液である。液体部分は同じものと考えてよい。

テスト対策 体 液

体液＝血液＋組織液＋リンパ液
● 血液：血管中の液, 血球＋血しょう
　　血球…赤血球, 白血球, 血小板
● 組織液：組織中の液
● リンパ液：リンパ管内の液

---

2 (1) a…赤血球 b…血小板 c…白血球
d…血しょう
(2) a…ウ b…イ c…ア

解き方 血球の大きさと数、働きをまとめると次のようになる。

テスト対策	血液成分とその働き		
	大きさ	数(1mm³)	働き
赤血球	7.5μm	約500万	酸素の運搬
血小板	3~4μm	約30万	血液凝固
白血球	6~20μm	約6000個	免疫

3 (1) ヘモグロビン
(2) a…肺循環　b…体循環
(3) ① 右心室　② 肺
　　③ 肺静脈　④ 大静脈
　　⑤ 大動脈
(4) d, f
(5) リンパ系

解き方 体循環の場合，動脈には酸素ヘモグロビンを多く含む動脈血が，静脈には酸素ヘモグロビンが少ない静脈血が流れている。ところが，肺循環では，肺動脈には静脈血が，肺静脈には動脈血が流れている。

4 (1) 酸素解離曲線
(2) **96%**　(3) **30%**
(4) **68.8%**

解き方 (4) 酸素解離度は，肺胞の酸素ヘモグロビンのうち組織で解離した割合を示すので
$$\frac{96-30}{96} \times 100 = 68.75〔\%〕$$

2章 肝臓と腎臓

基礎の基礎を固める！ の答　➡本冊 p.43

❶ 尿　　❷ ネフロン(腎単位)
❸ 腎単位　❹ 腎小体
❺ 細尿管(腎細管)　❻ 糸球体
❼ ボーマンのう　❽ 糸球体
❾ グルコース　❿ ボーマンのう
⓫ 原尿　⓬ 毛細血管
⓭ 輸尿管　⓮ 肝
⓯ 肝小葉　⓰ 肝門脈
⓱ 尿素　⓲ グリコーゲン
⓳ 赤血球

テストによく出る問題を解こう！ の答　➡本冊 p.44

5 (1) イ
(2) ネフロン(腎単位)
(3) a…ア　b…カ　c…オ　d…エ　e…イ
(4) イ

解き方 (2) ボーマンのう＋糸球体で腎小体(マルピーギ小体)ともいう。腎小体と細尿管およびそれを取り巻く毛細血管を含めてネフロン(腎単位)という。
(4) 尿素の生成は肝臓で行われる。魚類では全身の細胞の呼吸で生じた不要な窒素化合物はアンモニアの状態で排出するがヒトではアンモニアは肝臓で尿素に合成される。

テスト対策	腎　臓

腎臓の構造単位はネフロン(腎単位)
　ネフロン＝腎小体＋細尿管と毛細血管
　　　　　　　↓
　腎小体＝糸球体＋ボーマンのう
原尿…血しょうからボーマンのうでろ過された水，尿素，グルコース，無機塩類
尿＝原尿 ─再吸収→ [水，グルコース，無機塩類の一部]

6 (1) a…糸球体　b…ボーマンのう
　　c…毛細血管　d…細尿管
(2) ア，エ，オ，カ

(3) ア，エ，カ
(4) バソプレシン

解き方 袋状の構造はボーマンのう，そこから続くdは細尿管，cは細尿管を取り巻く毛細血管と判断しよう。1日あたりの腎臓に流れ込む血液は1500L，原尿は150L，尿は1.5Lほどである。

7 (1) A タンパク質　B グルコース
(2) ア　　(3) イ
(4) 66.7

解き方 (2) タンパク質は高分子化合物なのでボーマンのうにろ過されない。
(3) グルコースは血液中に0.1％含まれ，ボーマンのうにろ過されるが，細尿管を流れる間に100％再吸収されるので，健常者の尿中には含まれない。
(4) 濃縮率は，尿中の濃度÷血しょう中の濃度で示されるので，$2 \div 0.03 = 66.666$ となる。

8 (1) ① b　② c　③ j　④ d
　　⑤ f　⑥ h
(2) ウ，エ

解き方 (1) 肝臓は人体最大の臓器で，成人で1200〜1400gある。
(2) ア 肝臓でできた胆汁は胆管を通って胆のうに運ばれる。胆汁は脂肪の消化を助ける。
イ 赤血球の生成は骨髄で行われる。
ウ 尿素の合成は肝臓の働き。

テスト対策　肝臓の働き

① 血液の貯蔵
② 古くなった赤血球の破壊
③ 尿素の合成
④ 体温の発生
⑤ グリコーゲンの合成と分解
⑥ 胆汁の合成
⑦ 解毒作用
⑧ 脂肪の合成

3章 ホルモンと自律神経系

基礎の基礎を固める！の答　➡本冊 p.48

❶ 内分泌腺　　　　❷ 血液
❸ 成長ホルモン
❹ 甲状腺刺激ホルモン
❺ 副腎皮質刺激ホルモン
❻ バソプレシン　　❼ チロキシン
❽ グルカゴン　　　❾ インスリン
❿ 糖質コルチコイド　⓫ 鉱質コルチコイド
⓬ アドレナリン　　⓭ 交感
⓮ ノルアドレナリン　⓯ 副交感
⓰ アセチルコリン　⓱ 0.1
⓲ アドレナリン
⓳ グルカゴン（⓲と⓳は順不同）
⓴ インスリン　　　㉑ 視床下部
㉒ 収縮　　　　　　㉓ 促進

テストによく出る問題を解こう！の答　➡本冊 p.49

9 ① 内分泌腺　② 血液
③ 標的　　　④ 標的
⑤ 持続　　　⑥ タンパク質
⑦ 微　　　　⑧ 種特異

10 (1) a…脳下垂体前葉
b…脳下垂体後葉
c…甲状腺　　　d…副甲状腺
e…副腎皮質　　f…副腎髄質
(2) ① f　② b　③ g　④ a
⑤ a　⑥ c　⑦ h　⑧ e
(3) ア…①，③　イ…⑥　ウ…②
エ…⑧　　　オ…⑤　カ…④

11 (1) ① 視床下部　② 前葉
(2) b…甲状腺刺激ホルモン
c…チロキシン
(3) aの名称……抑制ホルモン
bの分泌量…抑制される
(4) aの名称……放出ホルモン
bの分泌量…促進される
(5) フィードバック調節

12 (1) A…交感神経　　B…副交感神経
(2) A…ノルアドレナリン
　　B…アセチルコリン
(3) ① A　② A　③ B　④ A
　　⑤ A　⑥ A　⑦ B　⑧ B
　　⑨ A

解き方　(3) 交感神経が働くのは緊張時や興奮時，副交感神経が働くのはリラックスしたとき。それぞれのときにどうなるかを考えるとよい。

テスト対策　自律神経系

交感神経…ノルアドレナリンを分泌。興奮時や
　緊張時に働く。
副交感神経…アセチルコリンを分泌。安静時に
　働く。

13 (1) A…交感神経　　　B…副交感神経
(2) ア…皮質　　　　イ…髄質
　　ウ…A細胞　　　エ…B細胞
(3) a…糖質コルチコイド
　　b…アドレナリン
　　c…グルカゴン
　　d…インスリン
(4) ③
(5) X
(6) インスリン

解き方　(5), (6) 健常者では，食後しばらくして血糖値が上昇すると，インスリンが多量に分泌され，その働きによって血糖値が正常値に近づくとインスリンの分泌量も減少していく。

テスト対策　血糖値調節とホルモン

（低血糖）→ 糖質コルチコイド／アドレナリン・グルカゴン
グリコーゲン → グルコース
インスリン ← （高血糖）
タンパク質

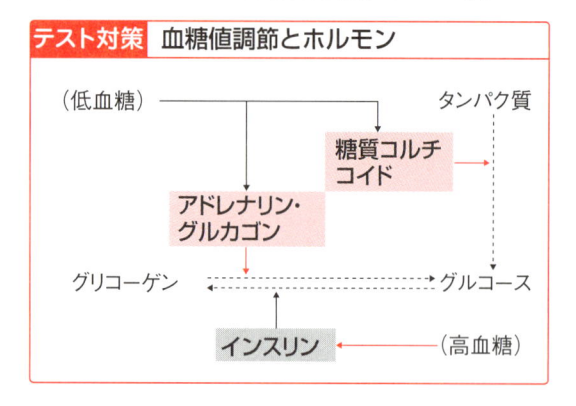

4章 免 疫

基礎の基礎を固める！の答　➡本冊 p.53

① 血小板　　　② トロンビン
③ フィブリン　　④ 血ぺい
⑤ 自然免疫　　⑥ 白血球
⑦ 食　　　　⑧ 獲得免疫
⑨ 体液性免疫　⑩ 抗原
⑪ 樹状　　　⑫ 抗原提示
⑬ T細胞　　⑭ B細胞
⑮ 抗体産生　⑯ 抗体
⑰ 抗原抗体　⑱ 記憶細胞
⑲ 二次応答　⑳ キラーT細胞
㉑ 細胞性免疫　㉒ 拒絶反応

テストによく出る問題を解こう！の答　➡本冊 p.54

14 ① 血液凝固因子　② カルシウム
　　③ トロンビン　　④ フィブリン

解き方　血液凝固のしくみは次のテスト対策のようになる。覚えておこう。

テスト対策　血液凝固

プロトロンビン
血小板→血液凝固因子→ ↓ ←Ca^{2+}
トロンビン
↓
フィブリノーゲン→フィブリン｝血ぺい
　　　　　　　　　血球

15 (1) 抗原
(2) ① 樹状細胞
　　② ヘルパーT細胞
　　③ 抗体産生細胞
(3) 抗体
(4) 抗原抗体反応
(5) 免疫記憶

16 (1) 獲得免疫　(2) ア，イ
(3) ウ

(4) c…ヘルパーT細胞
　　d…キラーT細胞
(5) 拒絶反応

解き方 (1) 自然免疫は昆虫のような無脊椎動物でももっている。生後に獲得する獲得免疫は，脊椎動物だけがもつ免疫のしくみである。
(2) 細胞性免疫で攻撃対象となるのは，がん細胞，変質した細胞，ウイルスに侵された細胞などである。通常赤血球は攻撃されない。
(4) 抗原の情報を受容するのはヘルパーT細胞，これに刺激され増殖し，抗原となる細胞を攻撃するのはキラーT細胞である。

17 (1) ワクチン療法　(2) 血清療法
(3) アレルギー(過敏症)
(4) スギ花粉，小麦粉，ソバ粉，サバの肉，エビ，卵など

解き方 (2) ヘビ毒の治療などには血清療法が使われる。
(3) 本来，抗原とならないものまで過敏に免疫反応が出る場合をアレルギーといい，アレルギーを引き起こす抗原となる物質をアレルゲンという。

入試問題にチャレンジ！の答　➡本冊 p.56

1 ① 体内(内部)　② 体外(外部)
③ 血小板　④ 白血球
⑤ 赤血球

解き方 血しょう中の0.1%(100mg／100mL)はグルコース(ブドウ糖)である。このグルコース(血糖)の濃度(血糖値)は内分泌系によって一定に保たれている。

2 (1) ① 白血球　② 血小板
③ 赤血球　④ 低　⑤ 高
(2) a…95%　b…65%　c…31.6%

解き方 (2) **a** 肺胞中の酸素ヘモグロビンの割合は，CO_2分圧40mmHgのグラフと，酸素分圧100mmHgとの交点を読み取ると95%となる。
b ある組織Sにおける酸素ヘモグロビンの割合は，CO_2分圧55mmHgのグラフと酸素分圧40mmHgの線との交点を読み取ると65%となる。

c 組織で放出した酸素の割合(解離度)は，
$$\frac{95-65}{95}=31.6\%$$

3 (1) ① 糸球体　② ボーマンのう
③ 細尿管(腎細管)　④ 再吸収
⑤ 集合管　⑥ 腎う　⑦ 輸尿管
⑧ ぼうこう
(2) 腎小体(マルピーギ小体)
(3) ネフロン(腎単位)　100万個
(4) タンパク質
(5) 尿素

解き方 (1) 細尿管は集合して集合管となって腎うに開く。腎うで集まった尿は輸尿管を通ってぼうこうに運ばれ，尿道から排出される。
(2) 腎小体＝ボーマンのう＋糸球体
(3) ネフロン(腎単位)
　　＝ボーマンのう＋糸球体＋細尿管
(4) 高分子化合物であるタンパク質は，糸球体からボーマンのうにろ過されない。
(5) 血中の老廃物のなかで最も濃縮されるのは尿素である。

4 (1) ① H　② B　③ F　④ E
⑤ A　⑥ D
(2) a
(3) ① 副腎髄質
② すい臓のランゲルハンス島のA細胞
③ 副腎皮質
④ 脳下垂体前葉

解き方 インスリンは，肝臓や筋肉でグルコースをグリコーゲンに合成することを促進するとともに，呼吸を促進してグルコースを消費し分解する。
(3) ④成長ホルモンは，脳下垂体前葉から分泌される。

3編 生物の多様性と生態系

1章 植生と光

基礎の基礎を固める！の答 ➡本冊 p.59

① 植生
② 相観
③ 森林
④ 優占種
⑤ 生活形
⑥ 降水量
⑦ 草原
⑧ 砂漠
⑨ 階層
⑩ 亜高木層
⑪ 草本層
⑫ 林冠
⑬ 林床
⑭ 土壌
⑮ 光の強さ
⑯ 光補償点
⑰ 光飽和点
⑱ 呼吸
⑲ 光合成
⑳ 陽生植物
㉑ 高
㉒ 低
㉓ 陰生植物

テストによく出る問題を解こう！の答 ➡本冊 p.60

1 (1) 植生　(2) 相観
(3) 水，温度　(4) 生活形

2 (1) ウ　(2) イ　(3) ア

解き方 ②荒原は，寒冷地ではツンドラ，乾燥地では砂漠となる。サボテンのようなその場所の特殊な環境に適応した植物だけが生育する。

3 (1) 階層構造
(2) a…高木層
　　b…亜高木層
　　c…低木層　d…草本層
(3) ベニシダ

解き方 (1) 光要求度の違いによる垂直方向の森林の層状構造を階層構造という。

テスト対策 森林(照葉樹林)の階層構造

高木層…スダジイやアラカシ
亜高木層…ヤブツバキやモチノキ
低木層…ヒサカキやネズミモチ
草本層…ベニシダなど
地表層…コケ，地衣類

(3) スダジイは陰樹の高木，ヤブツバキは亜高木，ヒサカキは低木である。

4 (1) 光－光合成曲線
(2) a…見かけの光合成速度
　　b…呼吸速度
　　c…光合成速度
(3) e…光補償点　f…光飽和点
(4) e

解き方 (1) 光合成速度＝見かけの光合成速度＋呼吸速度

(3)(4) 光合成速度＝呼吸速度となるのは，光補償点である。fはそれ以上強光でも光合成速度が増加しない光の強さで光飽和点という。

テスト対策 光－光合成曲線

光合成速度＝呼吸速度＋見かけの光合成速度
光補償点　呼吸速度＝光合成速度

5 (1) ① 陽生植物　② 陰生植物
(2) ① ア，エ　② イ，ウ，オ
(3) ①

解き方 陽生植物は光補償点，光飽和点ともに高く，光の強い条件での光合成速度も非常に高い。
(2) シイやカシは成長して林冠を占めるようになると陽生植物の性質をもつようになるが，幼木のときには陰生植物として暗い林床で成長することができる。

2章 植生の遷移

基礎の基礎を固める！の答 ➡本冊 p.63

① 遷移
② 乾性遷移
③ 湿性遷移
④ 一次遷移
⑤ 二次遷移
⑥ 裸地
⑦ 風化
⑧ 先駆植物
⑨ 草原
⑩ 陽樹
⑪ 低木林
⑫ 陽樹林
⑬ 陽樹
⑭ 光補償点
⑮ 陰樹
⑯ 陽樹
⑰ 極相
⑱ 極相

⑲ 土壌
⑳ 種子
㉑ 短
㉒ 富栄養湖
㉓ 湿原
㉔ 草原

テストによく出る問題を解こう！ の答　➡本冊 p.64

6 (1) a…エ　b…オ　c…ウ　d…ア　e…イ
(2) a…ア　c…ウ　e…イ
(3) イ

解き方　(1) 植生の一次遷移は，荒原→草原→低木林→陽樹林→混交林→陰樹林 と遷移することを押さえておこう。
(2) ススキ・イタドリは先駆植物，シイ・カシは極相林をつくる陰樹。アカマツは陽樹。
(3) 陽樹林から混交林を経て陰樹林へと遷移する理由は，林床が暗くなるため陽樹の幼木が生育できないが，その環境でも陰樹の幼木は生育できるためである。

テスト対策　一次遷移

裸地→先駆種の進入→荒原
→草原…イタドリ・ススキ・ヨモギなど
→低木林…ヤシャブシなど
→陽樹林…アカマツ林
→混交林→陰樹林(極相)…シイ・カシなど

7 (1) ア　(2) イ　(3) ウ

解き方　(1) 湿性遷移では，貧栄養湖に，河川から栄養塩類が流入して，植物プランクトンや藻類などが繁殖して富栄養化し，しだいに富栄養湖に変化する。
(2) 富栄養湖に，河川から土砂が流入して水深が浅くなって湿原の状態へと遷移する。
(3) 湿原では，アシ・ヨシなどの大形の抽水植物が茂るようになり，これらの植物が枯れて堆積し土壌化すると湿原の陸化が進み，草原へと遷移する。

テスト対策　湿性遷移

貧栄養湖→富栄養化→富栄養湖→土砂流入により水深が浅くなる→湿原→抽水植物繁茂→草原→低木→陽樹林→混交林→陰樹林
　　　　　　　　　　乾性遷移と同じ

8 (1) 一次遷移
(2) A …草原　　B …陰樹林
(3) ア…③　イ…①　ウ…④
　　エ…②
(4) 先駆種(パイオニア植物)
(5) 陽樹林
(6) 状態…極相　　森林…極相林
(7) ギャップ

解き方　常緑のタブノキを優占種とする照葉樹林が極相になる。サクラは陽樹であるとわからなくても選択肢に常緑・落葉混交林があり，落葉高木のオオシマザクラはこれにあたる。ハチジョウイタドリは八丈島に見られるイタドリで，イタドリは空き地や道端にごく普通に見られる広い葉と太い茎をもつ草本。オオバヤシャブシはヤシャブシの仲間で，早春に垂れ下がる雄花が特徴的な陽樹の低木。

9 (1) ① 二次　② 陰樹　③ 短
(2) 種子のタイプ… c　大きさ…ア

解き方　陰樹の種子は重力散布型で，種子が大きく，芽生えの生育のための栄養分が多く蓄積されている。これにより芽生えが暗い林床でも生育でき，陰樹林は極相林として安定して維持されることになる。

テスト対策　植物群落の遷移

一次遷移
裸地→草原→低木→陽樹林→混交林→陰樹林(極相)
　　野焼き　　倒木・伐採など　下草刈り
二次遷移
　　草原→低木→陽樹林→混交林→陰樹林
一次遷移より短時間で進む。

3章 気候とバイオーム

基礎の基礎を固める！の答 ➡本冊 p.67

① バイオーム
② 森林
③ 草原
④ 荒原
⑤ 夏緑樹林
⑥ 針葉樹林
⑦ 雨緑樹林
⑧ 硬葉樹林
⑨ サバンナ
⑩ ステップ
⑪ ツンドラ
⑫ 森林
⑬ 1
⑭ 夏緑樹林
⑮ 照葉樹林
⑯ ブナ
⑰ クスノキ
⑱ マングローブ
⑲ 丘陵
⑳ 山地
㉑ 2500
㉒ 亜高山

＊⑲丘陵帯は低地帯ともいう。

テストによく出る問題を解こう！の答 ➡本冊 p.68

10 ア…g　イ…b　ウ…j
　　 エ…d　オ…c

解き方 ア　光沢のある葉, つまり「照りのある葉」で, 照葉樹林のこと。
イ　乾季に葉を落とす, つまり「雨季に緑」の雨緑樹林があてはまる。
エ　冬に多雨の地中海性気候なら, 硬葉樹林。
オ　秋に紅葉する, つまり「夏に緑」の夏緑樹林のことである。

テスト対策　気候とバイオームの関係

植物の分布は降水量と気温によって決まる。

多い ⇦ 降水量 ⇨ 少ない
森林 ↔ 草原 ↔ 荒原

草原　　サバンナ ↔ ステップ

高い ⇦ 気温 ⇨ 低い

森林　熱帯多雨林　亜熱帯多雨林　照葉樹林　夏緑樹林　針葉樹林

　　　　　⇩　　　　　　　⇩
　　　雨緑樹林　　　　硬葉樹林
　　　（雨季と乾季）　（地中海性気候）

11 (1) a…熱帯多雨林　b…亜熱帯多雨林
　　　　c…照葉樹林　　d…夏緑樹林
　　　　e…針葉樹林　　f…ツンドラ
　　　　g…雨緑樹林　　h…硬葉樹林
　　　　i…サバンナ　　j…ステップ
　　　　k…砂漠
(2) ① e　② h　③ d　④ g
　　⑤ b　⑥ a　⑦ k　⑧ j
　　⑨ i

解き方 フタバガキは熱帯多雨林に見られる高木, 多肉植物(サボテンの仲間など)は砂漠地帯で生育できる。雨季と乾季の区別のあるモンスーン帯には雨緑樹林が発達する。地中海性気候の地域にはオリーブやコルクガシなどの硬葉樹林が見られる。

12 A…なし　B…イ　C…オ
　　 D…ウ　E…ア

解き方 海抜0m付近の植生を見れば, 中部地方以西に分布するDが照葉樹林, 屋久島以南に見られるEが亜熱帯多雨林, C, Bが夏緑樹林および針葉樹林とわかる。Aは高山帯。

13 (1) 気温
(2) a…針葉樹林　b…夏緑樹林
　　c…照葉樹林
　　d…亜熱帯多雨林
(3) ① c　② a　③ b　④ d

解き方 ヘゴは木生シダ類の一種で, 沖縄や奄美諸島など亜熱帯多雨林に分布する。

14 (1) 垂直分布
(2) a…高山帯　b…亜高山帯
　　c…山地帯
　　d…丘陵帯(低地帯)
(3) ① b　② c　③ a　④ d
(4) 森林限界

解き方 (1) ①シラビソ, オオシラビソ, コメツガはいずれも針葉樹。
③　コケモモは高山植物, ハイマツも地面をはうように成長する低木で, 森林限界より高い場所で見られる高山植物である。

| テスト対策 | 垂直分布(中部日本) |

高山帯…ハイマツ・高山のお花畑(コマクサ,キバナシャクナゲ)
……森林限界(約2500m)……
亜高山帯…針葉樹林(コメツガ,シラビソ)
山地帯…夏緑樹林(ブナ・ナラ)
丘陵帯…照葉樹林(カシ・シイ・クス・タブ)

4章 生態系と物質循環

基礎の基礎を固める！ の答　➡本冊 p.71

① 非生物的環境　② 生産者
③ 消費者　④ 分解者
⑤ 一次消費者　⑥ 二次消費者
⑦ 三次消費者　⑧ 生産者
⑨ 光合成　⑩ 一次消費者
⑪ 二次消費者　⑫ 食物連鎖
⑬ 菌類　⑭ 分解者
⑮ 光　⑯ 化学
⑰ 熱　⑱ 栄養段階
⑲ 生態ピラミッド　⑳ タンパク質
㉑ NO_3^-　㉒ 窒素同化
㉓ 根粒菌　㉔ 窒素固定
㉕ 硝化

テストによく出る問題を解こう！ の答　➡本冊 p.72

15 (1) 食物連鎖　(2) a　(3) d
(4) 食物網

解き方 (1)(4) 生態系では，捕食者－被食者の関係からなる一連のつながりを，食物連鎖という。実際は一直線状にのみつながる場合は少なく，複雑に入り組んでいるので，これを食物網という。
(2) 光合成を行う植物が生産者。
(3) bから順番に，一次消費者，二次消費者，三次消費者，四次消費者。一次消費者が植物食性動物で，二次消費者以降はすべて動物食性。

16 (1) 生物量ピラミッド　(2) 栄養段階
(3) a　(4) b

解き方 (1) 生態ピラミッドには，各栄養段階を構成する個体数で示した個体数ピラミッド，質量×個体数で示した生物量ピラミッドがある。このほか，各栄養段階がもつエネルギー量で示したエネルギーピラミッドというものもある。
(2) 生産者，一次消費者，二次消費者などの食物連鎖での各段階を栄養段階という。

17 ① 光エネルギー　② 光合成
③ 化学エネルギー　④ 呼吸

解き方 エネルギーは，炭素や窒素などの物質のように生態系を循環することなく，一方向に生態系内を流れていく。太陽からの光エネルギーは，生産者である植物の光合成によって，有機物の中の化学エネルギーとして，食物連鎖を通じて移動する。最終的には，生態系内の生物の呼吸によって熱エネルギーとして生態系外に放出される。

テスト対策	物質とエネルギーの移動

物質（炭素，窒素，水）は生態系内を循環
エネルギーは循環しない
　　光エネルギー→光合成→化学エネルギー→
　　呼吸→熱エネルギー→宇宙空間に放出

18 (1) a…生産者　　b…一次消費者
　　　　c…二次消費者　d…分解者
　　(2) 化石燃料
　　(3) f…光合成　　g…呼吸　　h…燃焼

解き方 石油・石炭・天然ガスなどをまとめて化石燃料という。空気中の二酸化炭素は，生産者である植物の光合成によって有機物となる。有機物は食物連鎖を通じて移動し，gの呼吸によって空気中に放出される。

19 (1) 窒素固定　(2) 窒素同化
　　(3) 硝化
　　(4) a…シアノバクテリア　　b…根粒菌
　　　　c…硝化菌
　　(5) 窒素固定細菌
　　(6) タンパク質，核酸，ATP，クロロフィルなどのうち1つ

解き方 (1) アゾトバクター，クロストリジウム，シアノバクテリアなどが空気中の窒素をアンモニアに変える働きを窒素固定という。
(4) c 亜硝酸菌は，アンモニウムイオンを亜硝酸に，硝酸菌は亜硝酸を硝酸に酸化するときに生じるエネルギーで有機物を合成している。これを光合成に対して化学合成といい，亜硝酸菌と硝酸菌を合わせて硝化菌という。
(5) 窒素固定をする能力をもつ細菌を窒素固定細菌という。根粒菌がマメ科植物と共生して窒素固定をするのに対し，アゾトバクターとクロストリジウムは独立生活者。アゾトバクターは好気性でクロストリジウムは嫌気性。

5章 生態系のバランスと人間活動

基礎の基礎を固める！の答　➡本冊 p.75

❶ 二酸化炭素　　❷ 温室効果
❸ 化石燃料　　　❹ 地球温暖化
❺ 紫外線　　　　❻ フロン
❼ 紫外線　　　　❽ 白内障
❾ 南極　　　　　❿ オゾンホール
⓫ 硫黄　　　　　⓬ 酸性雨
⓭ 光化学オキシダント
⓮ 生物濃縮　　　⓯ 環境ホルモン
⓰ アセスメント　⓱ ナショナルトラスト
⓲ レッドデータ

テストによく出る問題を解こう！の答　➡本冊 p.76

20 (1) 焼畑（焼き畑），森林伐採
　　(2) マングローブ林
　　(3) 遺伝子

解き方 熱帯林の破壊は木材伐採のほか，面積の最も大きいのは大規模な焼畑による破壊。焼畑は焼けた樹木の灰を肥料とするため1度収穫すると続けて栽培できず，その土地は10年以上放棄される。熱帯林は土壌が薄く，樹木が失われると雨などで流出してしまい，森林は回復されず，放牧地などにされる。東南アジアの熱帯林は大規模に伐採された後，パーム油をとるヤシ園などにされている。

21 (1) 食物連鎖
　　(2) 生物濃縮

解き方 DDTなどの化学物質や鉛，有機水銀，有機スズなどの重金属は，体内の脂肪に溶け込んだりタンパク質に結合したりして，体外に排出されないため体内で濃縮されていく。

22 (1) 細菌類
　　(2) 原生動物に捕食されたため
　　(3) 自然浄化
　　(4) 指標生物

解き方 (1) 最初にふえるのは細菌類で，その次に細菌類を食べる原生動物。食物連鎖では最初

にくる藻類やシアノバクテリアはその後，水の濁りが減少してからふえる。

(4) 水の成分を調べる**化学的な**調査ではその時点での水質がわかり，生息する生物の種構成を調べる**生物的な**調査では過去を含めたある程度の期間における水質の程度がわかる。トビケラやヘビトンボの幼虫は**きれいな水**，ゲンジボタルの幼虫やカワニナは**少し汚い水**，タニシやヒルは**汚い水**，ユスリカやチョウバエの幼虫は**大変汚い水**の指標生物である。

23 (1) 大規模な化石燃料の燃焼
(2) 植物の光合成が夏に盛んなため。
(3) 地球温暖化
(4) 温室効果
(5) 海水面の上昇，砂漠化の進行

解き方 ハワイ島はハワイ諸島の東端に位置する同諸島最大の島で，大陸から3千km以上離れていて，陸上の植物の光合成や人間活動の影響を受けにくい(つまり短期間での変動が小さくおさまり，長期間の傾向が読み取りやすい)ので，ここで二酸化炭素濃度の変化が測定されている。それでもこのようなジグザグのグラフになる。

24 (1) オゾンホール
(2) 太陽からの有害な紫外線を遮る。
(3) フロン(クロロフルオロカーボン)
(4) 白内障，皮膚がん

解き方 (1) オゾン層のO_3の量は，1気圧(地表の気圧)の条件下に換算して平均約3mmの厚さに相当。これがオゾンホールでは2mm以下になる。

(2)(4) 紫外線は細胞のDNAを傷つけるため，目の水晶体の細胞が濁る**白内障**や，細胞が異常増殖する**皮膚がん**が起こりやすくなる。このほか，植物や海などの表層近くにすむ植物プランクトンへの害も懸念されている。

25 (1) ① 5.6 ② 自動車 ③ 窒素
(2) 内分泌攪乱化学物質
(3) ① 富栄養 ② 赤潮 ③ アオコ
(4) ① 塩害 ② 砂漠化

解き方 (1) もともと自然界の雨は空気中の二酸化炭素などが溶け込んでわずかに酸性に傾いているが，自動車や工場からでる硫黄酸化物や窒素酸化物が上空でそれぞれ硫酸や硝酸となり，これを含んだ雨を**酸性雨**という。

(4) 乾燥地域でも多くの土地では地下水などを引き込んだ灌漑を行い農地をつくることが可能である。しかし乾燥地で水をまき過ぎると，地表の水と地下水がつながってしまう。そうなると地表から水が蒸発する際に毛管現象で地下水を引き上げ，どんどん蒸発させていく。その際に地下水に含まれる塩類が地表面に蓄積して，植物の生育に適さない土地になってしまう。これが**塩害**である。

テスト対策　環境破壊のおもな原因

地球温暖化	温室効果ガス(CO_2，メタン，フロンなど)
オゾン層の破壊	フロン
熱帯林の破壊	焼畑・木材伐採
砂漠の拡大	森林伐採・過放牧・不適切な灌漑による塩害
酸性雨・酸性霧	工場・自動車からの窒素酸化物・硫黄酸化物

入試問題にチャレンジ！ の答　➡本冊 p.78

1 (1) 見かけ (2) 光補償点
(3) 呼吸速度 (4) 光飽和点

解き方 (1) CO_2の吸収速度で示されるものは見かけの光合成速度である。光合成速度は，これに呼吸速度を加えたものである。
(2) CO_2吸収速度が0となるのは，呼吸速度＝光合成速度となる光の強さである。この光の強さを**光補償点**という。
(3) 暗黒時に示されるのは，呼吸速度である。
(4) CO_2の吸収速度が一定となる光の強さを**光飽和点**という。

2 (1) ① 水平分布 ② 垂直分布
③ 森林限界
(2) A…c, k　　B…b, h
C…a, f

解き方 (1) 緯度方向に沿ったバイオームの分布

を水平分布といい，標高に沿った分布を垂直分布という。日本の中部地方では，標高約2500m以上では高木が見られなくなる，これを森林限界という。森林限界より上では，積雪量が多く，風も強く，岩石地帯で土壌がないため，高木は生育できない。木本としてはハイマツ，草本では高山のお花畑をつくる草本が短い夏の期間に見られる。

(2) aトドマツは針葉樹，bブナ・hミズナラは夏緑樹，cクスノキとkスダジイは照葉樹。dエゾマツは新生代の氷河期以降に出た比較的新しい針葉樹で，北海道などには分布するが中部地方には分布しない。eキバナシャクナゲは草本の高山植物，fシラビソは針葉樹，gメヒルギは沖縄などの海岸線に生える植物でマングローブ林をつくる低木(マングローブをつくるヒルギ類にはメヒルギのほかにオヒルギ，ヤエヤマヒルギなどがある)。iオリーブやlゲッケイジュは地中海地方に見られる硬葉樹，jチークは東南アジアの雨緑樹林に見られる代表的な樹種。

3 (1) A…植物食性　B…動物食性
(2) ア…窒素固定　イ…根粒菌
　　ウ…アンモニウムイオン
　　エ…アミノ酸
(3) 呼吸，⑨，⑩
(4) 窒素同化
(5) ⑤ 脱窒素細菌　⑥ 硝酸菌

解き方 (1) Aは一次消費者となる植物食性動物，Bは二次消費者の動物食性動物。
(2) 空気中の窒素を緑色植物に取り入れるのは，マメ科植物と共生する根粒菌である。根粒菌は窒素固定によってアンモニウムイオンNH_4^+をつくり，マメ科植物に供給する。マメ科植物はこれを有機酸と結合してまずアミノ酸を合成し，これをもとにタンパク質などのさまざまな有機窒素化合物をつくる。根粒菌はかわりにマメ科植物から光合成産物である炭水化物の供給を受ける。
(3)(4) ①は窒素固定，②は光合成，③が呼吸，④は窒素同化，⑤は脱窒，⑥と⑦は硝化作用，⑧は窒素同化，⑨は呼吸，⑩は呼吸，⑪⑫は排出物や遺体を示している。したがって③呼吸と同じ働きは，⑨と⑩である。

(5) ⑤脱窒を行うのは，脱窒素細菌である。硝化作用のうち⑥は硝酸菌，⑦は亜硝酸菌の働きによる。

4 (1) ① 植生　② 遷移　③ 土壌
　　④ 胞子
(2) 陽樹は耐陰性が低いが，陰樹は耐陰性が高く，暗い林床でも生育できる。

解き方 (1) 遷移とは植生が時間とともに移り変わっていく現象である。④はコケ植物の生殖細胞で胞子となる。胞子は小さく風で運ばれやすい。
(2) 林床は暗いので，耐陰性の低い陽樹の芽生えは生育できないが，耐陰性の高い陰樹の芽生えは生育できる。

B